Microsoft®

龙马高新教育◎编著

新手学
Word 2016

快 1100张图解轻松入门 **学会**
好 70个视频扫码解惑 **完美**

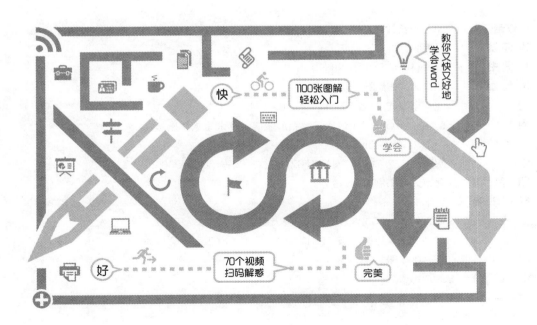

北京大学出版社
PEKING UNIVERSITY PRESS

内 容 提 要

本书通过精选案例引导读者深入学习，系统地介绍 Word 2016 的相关知识和应用技巧。

全书共 11 章。第 1~2 章主要介绍 Word 2016 的入门知识，包括初识 Word 2016 及输入和编辑 Word 文档等；第 3 ~ 4 章主要介绍用 Word 2016 排版，包括文档的基本排版操作及文档的高级排版操作等；第 5 ~ 8 章主要介绍 Word 文档美化，包括学会使用表格、Word 图文混排、文档页面的设置及长文档的排版操作等；第 9~11 章主要介绍 Word 文档输出，包括检查和审阅文档、Word 邮件合并和域的使用及信息共享与文档打印等。

本书不仅适合 Word 的初、中级用户学习使用，也可以作为各类院校相关专业学生和计算机培训班学员的教材或辅导用书。

图书在版编目(CIP)数据

新手学 Word 2016 / 龙马高新教育编著. — 北京：北京大学出版社，2017.10
ISBN 978–7–301–28663–0

Ⅰ.①新… Ⅱ.①龙… Ⅲ.①汉字处理软件系统Ⅳ.①TP391.12

中国版本图书馆CIP数据核字(2017)第203327号

书　　　名	新手学 Word 2016	
	XINSHOU XUE Word 2016	
著作责任者	龙马高新教育 编著	
责 任 编 辑	尹 毅	
标 准 书 号	ISBN 978–7–301–28663–0	
出 版 发 行	北京大学出版社	
地　　　址	北京市海淀区成府路 205 号　 100871	
网　　　址	http://www.pup.cn　 新浪微博：@ 北京大学出版社	
电 子 信 箱	pup7@ pup.cn	
电　　　话	邮购部 62752015　 发行部 62750672　 编辑部 62580653	
印 刷 者	北京大学印刷厂	
经 销 者	新华书店	
	787 毫米 ×1092 毫米　 16 开本　 18.5 印张　 367 千字	
	2017 年 10 月第 1 版　 2017 年 10 月第 1 次印刷	
印　　　数	1—4000 册	
定　　　价	39.00 元	

·前言·

　　如今，计算机已成为人们日常工作、学习和生活中必不可少的工具之一，不仅大大地提高了工作效率，而且为人们的生活带来了极大的便利。本书从实用的角度出发，结合实际应用案例，模拟真实的办公环境，介绍 Word 2016 的使用方法与技巧，旨在帮助读者全面、系统地掌握 Word 2016 的应用。

读者定位

　　本书系统详细地讲解了 Word 2016 的相关知识和应用技巧，适合有以下需求的读者学习。

※ 对 Word 2016 一无所知，或者在某方面略懂、想学习其他方面的知识。

※ 想快速掌握 Word 2016 的某方面应用技能，例如，编辑、排版、检查和审阅……

※ 在 Word 2016 使用的过程中，遇到了难题不知如何解决。

※ 想找本书自学，在以后工作和学习过程中方便查阅知识或技巧。

※ 觉得看书学习太枯燥、学不会，希望通过视频课程进行学习。

※ 没有大量时间学习，想通过手机进行学习。

※ 担心看书自学效率不高，希望有同学、老师、专家指点迷津。

本书特色

➜ 简单易学，快速上手

　　本书以丰富的教学和出版经验为底蕴，学习结构切合初学者的学习特点和习惯，模拟真实的工作学习环境，帮助读者快速学习和掌握。

➜ 图文并茂，一步一图

　　本书图文对应，整齐美观，所有讲解的每一步操作，均配有对应的插图和注释，以便读

者阅读，提高学习效率。

➥ 痛点解析，解除疑惑

本书每章最后整理了学习中常见的疑难杂症，并提供了高效的解决办法，旨在解决在工作和学习中问题的同时，巩固和提高学习效果。

➥ 大神支招，高效实用

本书每章提供一定质量的实用技巧，满足读者的阅读需求，帮助读者积累实际应用中的妙招，扩展思路。

◎ 配套资源

为了方便读者学习，本书配备了多种学习方式，供读者选择。

➥ 配套素材和超值资源

本书配送了 10 小时高清同步教学视频、本书素材和结果文件、通过互联网获取学习资源和解题方法、办公类手机 APP 索引、办公类网络资源索引、Office 十大实战应用技巧、200 个 Office 常用技巧汇总、1000 个 Office 常用模板、Excel 函数查询手册等超值资源。

（1）下载地址

扫描下方二维码或在浏览器中输入下载链接：http://v.51pcbook.cn/download/28663.html，即可下载本书配套光盘。

提示：如果下载链接失效，请加入"办公之家"群（218192911），联系管理员获取最新下载链接。

（2）使用方法

下载配套资源到电脑端，单击相应的文件夹可查看对应的资源。每一章所用到的素材文件均在"本书实例的素材文件、结果文件 \ 素材 \ch*"文件夹中。读者在操作时可随时取用。

➡ **扫描二维码观看同步视频**

使用微信、QQ 及浏览器中的"扫一扫"功能，扫描每节中对应的二维码，即可观看相应的同步教学视频。

➡ **手机版同步视频**

读者可以扫描下方二维码下载龙马高新教育手机 APP，直接安装到手机上，随时随地问同学、问专家，尽享海量资源。同时，也会不定期推送学习中的常见难点、使用技巧、行业应用等精彩内容，让学习变得更加简单高效。

💡 **更多支持**

本书为了更好地服务读者，专门设置了 QQ 群为读者答疑解惑，读者在阅读和学习本书过程中可以把遇到的疑难问题整理出来，在"办公之家"群里探讨学习。另外，群文件中还

会不定期上传一些办公小技巧，帮助读者更方便、快捷地操作办公软件。

作者团队

本书由龙马高新教育编著。刘华任主编，闫琳瑞、鲁润任副主编，参与本书编写、资料整理、多媒体开发及程序调试的人员有尹雪、杨洋、贾晶晶、张田田、尚梦娟、李彩红、尹宗都、王果、陈小杰、左琨、邓艳丽、崔姝怡、侯蕾、左花苹、刘锦源、普宁、王常吉、师鸣若、钟宏伟、陈川、刘子威、徐永俊、朱涛和张允等。

在编写过程中，编者竭尽所能地为读者呈现最好、最全的实用功能，但仍难免有疏漏和不妥之处，敬请广大读者不吝指正。若在学习过程中产生疑问，或有任何建议，可以通过以下方式进行联系。

投稿信箱：pup7@pup.cn

读者信箱：2751801073@qq.com

读者交流 QQ 群：218192911（办公之家）

·目录·

Contents

2

第6章 Word 图文混排——制作公司宣传彩页 135

第 7 章 文档页面的设置——制作商务邀请函 175

第 8 章　长文档的排版操作——毕业论文排版与设计 ... 205

第 10 章　Word 邮件合并和域的使用 247

第 11 章　信息共享与文档打印 261

>>> 你知道 Word 最振奋人心的功能是什么吗？

>>> 你知道如何在家查看自己在办公室编辑的文档吗？

>>> 你知道如何定制高效的 Word 界面吗？

>>> 你知道什么是"Tell Me"吗？

让我来引领你走进 Word 2016 的世界吧！

1.1. Word 的排版之美

1. Word 概述

Microsoft Office Word 是美国微软公司的一个文字处理应用程序。

Word 给用户提供了用于创建专业而优雅的文档工具，帮助用户节省时间。一直以来，Word 都是最主流的文字处理程序。

2. Word 的排版之美

你以为 Word 只能进行简单的文字处理，只能一行行把需要的内容敲打出来？如果你有这种想法，证明你对 Word 的了解远远不够。看完下列图片，你会发现，Word 的排版竟然可以如此之美！

（1）Word 中使用表格

一个表格，让内容瞬间条理清晰，如下图所示。

某某单位招聘考试报名表

姓名		性别		民族		
出生年月			政治面貌			
身份证号码						
联系方式			邮箱			
毕业院校			所学专业			
学历		学位		学历性质		
学习工作经历						
家庭主要成员	姓名	关系	性别	出生年月	政治面貌	现工作单位
诚信承诺书						
审核意见						

（2）Word 中使用图表

一张图表，胜过千言万语，如下图所示。

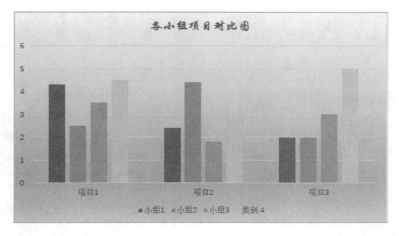

（3）Word 中使用艺术字

艺术字，让文字更迷人，如下图所示。

（4）Word 中使用图片

图片，让 Word 文档锦上添花，如下图所示。

Word 中，处处都有美，如果能把多种美集中到一起，那就是排版的艺术。下面两幅图，你更喜欢哪一个呢？

不用说，肯定选择右面这幅。

看到这里，你是不是在想，我以前可能做了假的 Word 文档。没关系，以后就做真的了。

1.2 让人刮目相看——Word 在计算机 / 手机 / 平板电脑中的应用

Office 2016 是微软开发的一个庞大的办公软件集合，包括 Word、Excel、PowerPoint、OneNote、Outlook、Skype、Project、Visio 及 Publisher 等组件和服务。而其中的 Word 在平时工作生活中应用很广泛，现在的计算机和平板电脑已成为我们工作中必不可少的工具，那么 Word 有什么神奇的功能呢？

1. 功能区

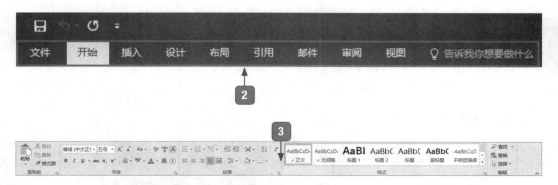

1 统称为功能区，是菜单和工具栏的主要显现区域。

2 选项卡。

3 各个选项卡下对应的组。

2. 文档编辑区

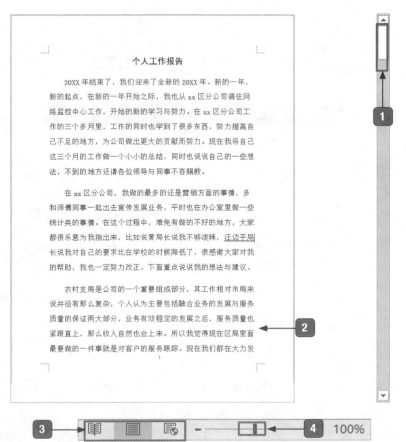

1 滚动条，拖动可以快速到达想要浏览的页面。

2 文档编辑区，文档显示和编辑。

3 文档视图按钮，单击可以改变文档的视图方式。

4 显示比例滑块，用鼠标拖动可以改变页面的大小。

3. 在手机 / 平板电脑上的应用

1 进入该页面，可以进行云存储链接。

2 进入该页面，可以进行 Word 文档的打
开和新建。

3 进入该页面，可以选择文档位置进行
打开。

4 进入该页面，进行新建文档并选择模板。

1.3 一张图告诉你新手和高手的区别

软件版本的差别

发现文字太小

新文件的打开

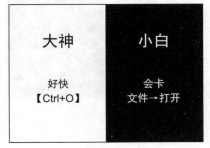

文字分开

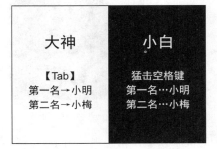

新文件的创建

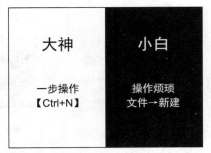

段落整体缩进两格

文件的保存

右对齐

7

另起一页

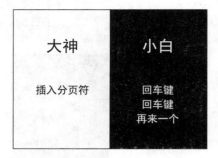

生成图表的编号

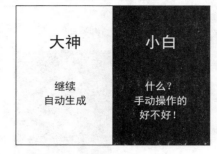

目录的生成

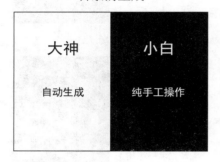

鉴定完毕

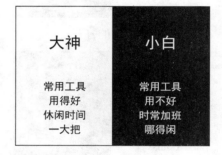

上图显示了高手和新手的一些差别,你中枪了吗?高手常常用最好用的工具,有大量的自由时间;新手常常忽视常用工具,有忙不完的工作。

如果你有兴趣,本书将带你脱离小白的级别,帮助你掌握更多操作技巧,走向大神的成功之路。同样的工作,有更多空闲的时间!

1.4 Office 2016 的安装与启动

小白:大神,我听说 Office 2016 是一款十分强大的办公软件,我也想用它,但又不知道该怎么使用。

大神:哈哈,这好说。你要想用它,就得先学会安装和启动。要想安装,还需注意一些问题,例如,兼容性问题、计算机的配置是否达到它需要的要求等。

1.4.1 Office 2016 的安装

在安装 Office 2016 之前,首先需要掌握其安装操作,并且计算机硬件和软件的配置要达到以下要求。

处理器	1 GHz 或更快的 x86 或 x64 位处理器（采用 SSE2 指令集）
内存	1 GB RAM（32 位）； 2 GB RAM（64 位）
硬盘	3.0 GB 可用空间
显示器	图形硬件加速需要 DirectX10 显卡和 1024×576 分辨率
操作系统	Windows 7、Windows 8、Windows Server 2008 R2 或 Windows Server 2012
浏览器	Microsoft Internet explorer 8、9 或 10； Mozilla Firefox 10.x 或更高版本；Apple Safari 5；Google Chrome 17.x
NET 版本	3.5、4.0 或 4.5
多点触控	需要支持触控的设备才能使用多点触控功能。但是总可以通过键盘、鼠标或其他的标准输入设备或可访问的输入设备使用所有功能。请注意，新的触控功能已经过优化，可与 Windows 8 配合使用

　　计算机配置达到要求后就可以安装 Office 软件。现在计算机中没有自带 Office 软件，需要用户在网上自行搜索下载。双击 Office 2016 的安装程序，系统即可自动安装，安装成功后方可使用。

　　此外 Office 2016 是收费软件，用户可以体验一段时间（一般为 60 天）。过期后需要重新激活方可使用。这是软件厂商采用的防盗版技术，软件必须激活才可以成为正式用户。如果不激活就不可以使用。

　　企业可以通过官方进行购买使用权限，而个人如果仅仅是为了学习操作，可以下载学院版 Office 进行体验。

1.4.2 启动 Office 2016 的两种方法

　　使用 Office 2016 时，首先需要启动。最常用的启动方法有两种。

1. 直接打开应用程序

　　选择【开始】→【Word 2016】选项。

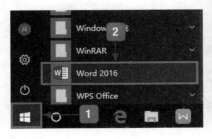
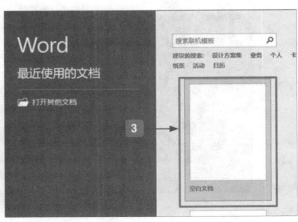

1 单击【开始】按钮。

2 选择【Word 2016】选项。

打开后的效果如下图所示。

3 选择【空白文档】选项。

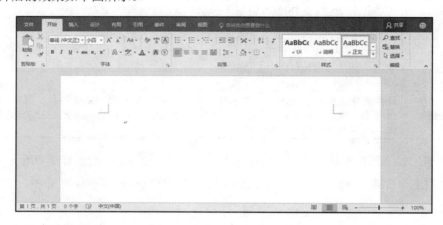

2. 直接在桌面新建文档

在 Windows 桌面空白处右击，在弹出的快捷菜单中选择【新建】→【Microsoft Word 文档】选项。

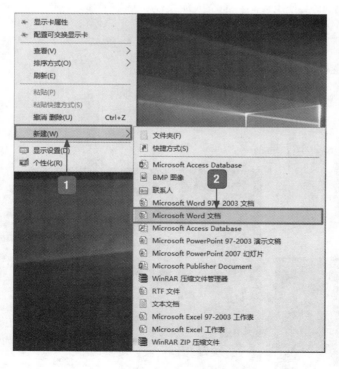

在桌面上就会出现如下图所示的 Word 文档图标，双击即可打开

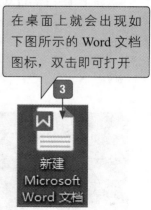

1 选择【新建】选项。

2 选择【Microsoft Word 文档】选项。

3 双击图标。

1.4.3 退出 Office 2016 的 4 种方法

退出 Word 2016 的方法有 4 种。

1. 单击窗口右上角的【关闭】按钮。

2. 在文档标题栏上右击，在弹出的快捷菜单中选择【关闭】选项。

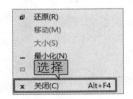

3. 选择【文件】→【关闭】选项。

4. 使用【Alt+F4】组合键快速退出 Office 2016。

1.4.4 在手机中安装 Office

在手机中安装 Word 2016，随时随地都可以办公。

1 单击按钮。

2 在搜索框中输入"Word 文档"。

3 单击【Microsoft Word】图标，开始下载。

在手机桌面打开程序的效果如下图所示。

进入程序后，根据自己的需要进行设置。

1.5 随时随地办公的秘诀——Microsoft 账户

使用 Office 2016 登录可以通过 OneDrive 同步文档，手机、计算机同步使用，便于随时随地修改和交流。不再错过任何重要信息，不再耽误任何时间，不再需要天天带着 U 盘到处找计算机了！ Microsoft 账户就是这么方便！

1. 登录 Microsoft 账户

> **提示：**
> 如果没有 Microsoft 账户，可以在网页中进行注册。

打开 Word 文档的效果如下图所示。

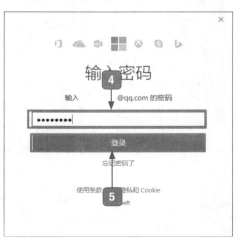

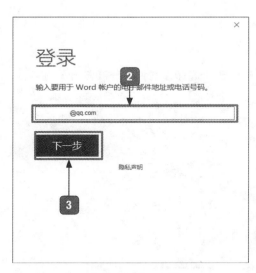

提示：

　　此处账户是进行注册后的，并不是平时所使用的邮箱和密码！

1 单击【登录】按钮。

2 在文本框中输入电子邮箱地址。

3 单击【下一步】按钮。

4 在文本框中输入密码。

5 单击【登录】按钮。

2. 设置账户个人信息

登录后，选择【文件】→【账户】选项，在右侧弹出个人信息，在该界面可以设定背景、主题、更改照片和注销 / 切换账户等操作。

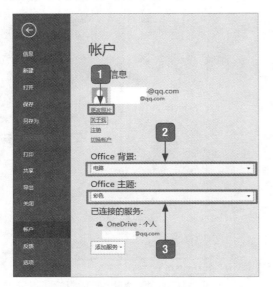

1 单击【更改照片】超链接，可以设置头像。

2 单击按钮▼，更改背景。

3 单击按钮▼，更改主题。

还可以在打开的界面进行文档的访问、查阅和修改。选择【文件】→【打开】选项（此处以"云南"文档为例）。

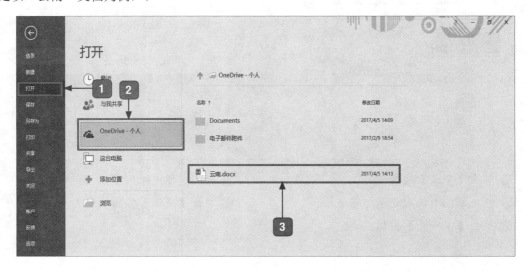

1️⃣ 选择【打开】选项。

2️⃣ 选择【OneDrive - 个人】选项。

3️⃣ 选择要打开的文档。

> **提示：**
>
> 　　也可以选择【打开】→【最近】选项，查找文档。

可以根据需要在该文档中进行文本内容的修改和保存等一系列基本操作。

1.6 提升办公效率——Word 2016 的设置

1.6.1 设置文件保存

有时我们常常会遇到一些情况，导致 Word 内文本的丢失。为防止此类事情的发生，我们可以设置保存格式和恢复数据的时间间隔。

选择【文件】→【选项】选项。

在弹出的【Word 选项】对话窗中，选择左侧的【保存】选项卡。

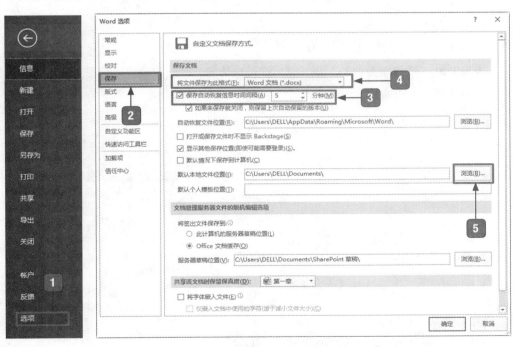

15

1️⃣ 选择【选项】选项。

2️⃣ 选择【保存】选项卡。

3️⃣ 选中【保存自动恢复信息时间间隔】复选框并设置自动保存时间。

4 单击【将文件保存为此格式】按钮▼，设置保存格式。

5 单击【浏览】按钮，设置保存位置。

6 选择文档要默认保存的位置。

7 单击【确定】按钮。

8 可以看到默认位置已经更改。

9 单击【确定】按钮。

1.6.2 添加命令到快速访问工具栏

在 Word 2016 软件页面的左上角，有一些快速访问工具。用户可以根据需要，将自己常用的命令按钮添加至快速访问工具栏。

1. 添加【自定义快速访问工具栏】中有的命令按钮

1 单击按钮▼。

2 任选一种或多种命令按钮，如选择【新建】选项。

【新建】按钮 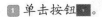 添加成功的效果如下图所示。

2. 添加【自定义快速访问工具栏】中没有的命令按钮

1 单击按钮 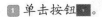。

2 选择【其他命令】选项。

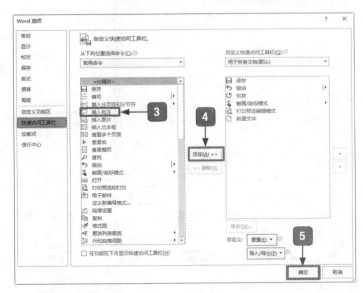

3 选择要添加的命令按钮选项。如选择【插入批注】选项。

4 单击【添加】按钮。

5 单击【确定】按钮。

【插入批注】按钮 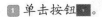 添加成功的效果如下图所示。

1.6.3 自定义快捷键

如果某一个符号使用的频率非常高，可以给它定义为快捷键。单击【插入】选项下的【符号】按钮 Ω 符号 ▾ 。

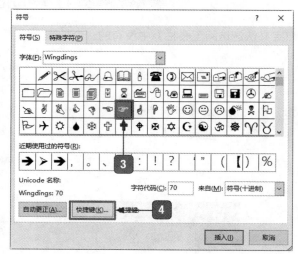

1 单击【符号】按钮 Ω 符号 ▾ 。

2 选择【其他符号】选项。

3 选择需要创建快捷键的符号。

4 单击【快捷键】按钮。

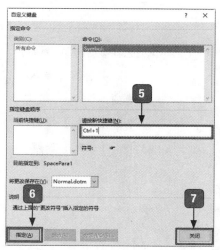

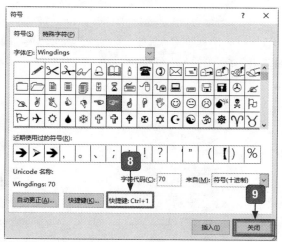

5 将鼠标光标定位在文本框内，输入要设置的快捷键。

6 单击【指定】按钮。

7 单击【关闭】按钮。

8 在此处可以看到设置的快捷键。

9 单击【关闭】按钮。

在 Word 文档中按【Ctrl+1】组合键的效果如下图所示。

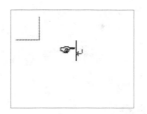

1.6.4　自定义功能区

在功能区的空白处右击，在弹出的快捷菜单中选择【自定义功能区】选项。

1 选择【自定义功能区】选项。

2 单击【新建选项卡】按钮。

3 右击【新建选项卡（自定义）】。

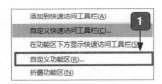

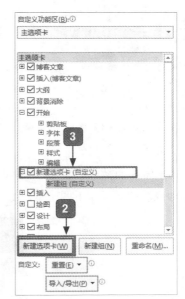

提示：

给新建组的命名步骤和给新建选项卡的命名步骤一致，所以在此省略重复操作。

4 选择【重命名】选项。

5 在文本框中输入名称。

6 单击【确定】按钮。

7 选择【新建组（自定义）】选项。

8 单击【重命名】按钮。

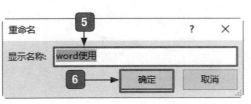

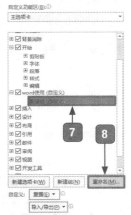

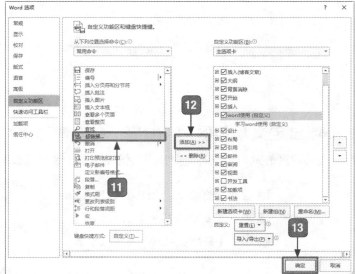

9 在【显示名称】文本框中输入名称。

10 单击【确定】按钮。

11 选中需要的功能。

添加成功的效果如下图所示。

12 单击【添加】按钮。

13 单击【确定】按钮。

1.6.5 禁用屏幕提示功能

当我们把指针停到一个按钮上时，系统会对这个按钮的功能做一个基本的解释。当然，这个功能也可以关闭，将指针放置在【开始】选项【字体】组中的【加粗】按钮 B 上。

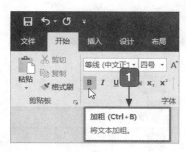

选择【文件】→【选项】选项。

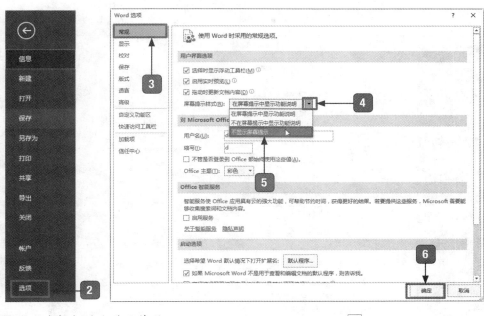

1 显示出按钮的名称及作用。

2 选择【选项】选项。

3 选择【常规】选项卡。

4 单击按钮 ▾。

5 选择【不显示屏幕提示】选项。

6 单击【确定】按钮。

禁用屏幕提示功能的效果如下图所示。

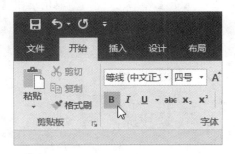

1.6.6 禁用【粘贴选项】按钮

如果觉得【粘贴选项】按钮总是会妨碍编辑下面的内容，也可以将它关闭。

选择【文件】→【选项】选项。

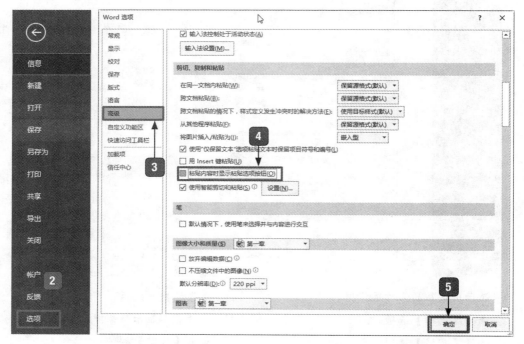

1. 按【Ctrl+V】组合键在文档中复制内容后，将在 Word 文档中显示【粘贴选项】按钮。

2. 选择【选项】选项。

禁用【粘贴选项】按钮的效果如下图所示。

3. 选择【高级】选项卡。

4. 取消选中【粘贴内容时显示粘贴选项按钮】复选框。

5. 单击【确定】按钮。

我爱我家

1.6.7 更改文件的作者信息

自己计算机上编辑的文档，如果在别人的计算机上使用，文档显示的作者肯定不是自己了，这时是不是就想更改作者信息了？

选择【文件】→【信息】选项。

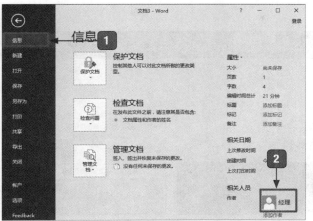

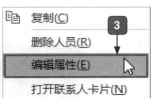

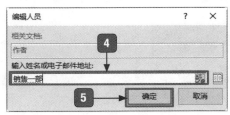

1 选择【信息】选项。

2 右键单击该图标。

3 选择【编辑属性】选项。

4 输入要更改的作者名称。

5 单击【确定】按钮。

作者信息更改之后的效果如下图所示。

痛点解析

痛点：如何将隐藏的功能区显示出来

如果不小心隐藏了功能区，那该怎么显示出来呢？虽然选择任意选项卡后，功能区都能显示出来，可是，毕竟操作不方便，看起来也很别扭，怎么办呢？

下图所示是正常的功能区。

下图所示是隐藏后的功能区。

1. 使用按钮

1️⃣ 单击该按钮。

2️⃣ 选择【显示选项卡和命令】选项。

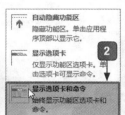

效果如下图所示。

2. 使用按钮

选择任意选项卡（如【开始】）后，在功能区的最右边会发现如下图所示的效果。

1️⃣ 任意选择一个选项卡。

2️⃣ 单击该按钮。

操作完成后的效果如下图所示。

🎓 大神支招

问：如何管理日常工作生活中的任务，并且根据任务划分优先级别？

Any.DO 是一款帮助用户在手机上进行日程管理的软件，支持任务添加、标记完成、优先级设定等基本服务，通过手势进行任务管理等操作，如通过拖放分配任务的优先级，通过滑动标记任务完成，通过抖动手机从屏幕上清除已完成的任务等。此外，Any.Do 还支持用户与亲朋好友共同合作完成任务。用户新建合作任务时，该应用提供联系建议，对非 Any.Do 用户成员也支持电子邮件和短信的联系方式。

1. 添加新任务

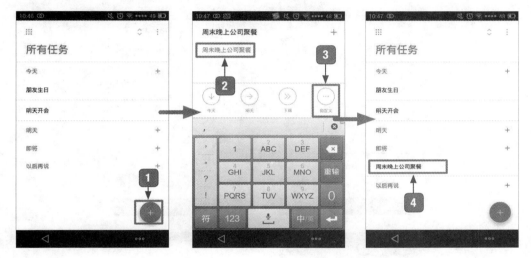

1 下载并安装 Any.Do，进入主界面，点击【添加】按钮 ●。

2 输入任务内容。

3 点击【自定义】按钮，设置日期和时间。

4 完成新任务添加。

2. 设定任务的优先级

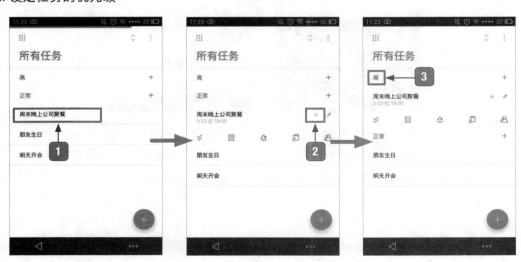

1 进入所有任务页面，选择要设定优先级的任务。

2 点击星形按钮。

3 按钮变为黄色，将任务优先级设定为高。

3. 清除已完成任务

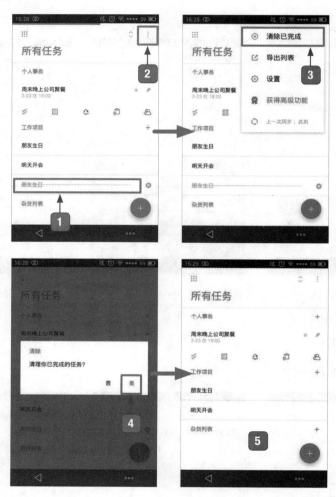

1 已完成任务将会自动添加删除线，点
　击其后的【删除】按钮即可删除。

2 如果有多个要删除的任务，点击按钮 ⁝。

3 选择【清除已完成】选项。

4 点击【是】按钮。

5 已清除完成任务。

第2章

——制作公司内部通知

输入和编辑 Word 文档

>>> 文档关闭后，你还能准确、快速地找到文档吗？

>>> 平时你是用鼠标多，还是键盘上的快捷键多？

>>> 当你需要调整文字的位置时，你还在敲打空格键吗？

>>> 你还是用空格键将一些文档的署名和日期"推"到右边吗？

这一章就告诉你其中的秘诀，带你脱离小白苦海，飞跃到大神的领空。

2.1 新建与保存文档

使用 Word 2016 的目的是处理文档，在处理之前，必须建立文档来保存要处理的内容，在创建新文档时，系统会自动默认文档名称以"文档 1""文档 2"……的顺序来命名。而当你完成对文档的编辑时，需要将文档保存下来，以便日后对文档的循环利用。

2.1.1 新建 Word 文档

关于新建文档有以下 4 种方法，下面就给大家一一介绍。

1. 新建空白文档

创建新文档最基本的方法就是启动 Word 2016 后选择【空白文档】选项即可。

单击【开始】→【Word 2016】图标，打开初始界面。

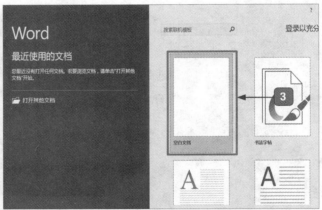

1 单击该按钮。

3 选择【空白文档】选项。

2 单击【Word 2016】图标。

即可得到如下图所示的"文档 1"。

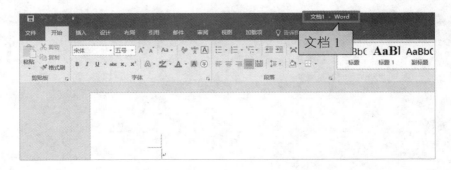

2. 新建现有文档的副本

当你想要更改现有文档，但又想保存原文档时，就可以使用现有的文档创建一个与原文档内容完全一致的新文档。

单击【文件】→【打开】→【浏览】图标。

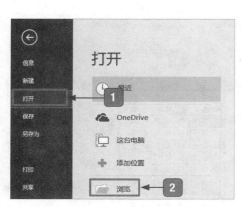
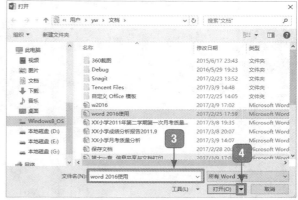

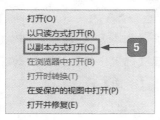

1 选择【打开】选项。

2 单击【浏览】图标。

3 输入要新建的文档名称。

4 单击【打开】按钮右侧的下拉按钮。

5 选择【以副本方式打开】选项。

现在已经创建了一个内容和原文档完全一致的名为"副本（1）Word 2016 使用"的新文档。效果如下图所示。

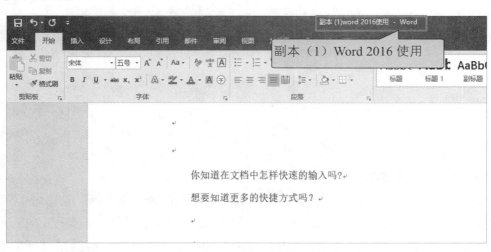

3. 使用本机上的模板创建文档

Word 2016 已经为用户设定了几个免下载的文档模板，用户在使用时只需选中需要的模板就可以做出自己想要的文档，这样就可以方便快捷地做出丰富多彩的文档。这里以"书法字帖"为例，为用户介绍操作步骤。

选择【文件】→【新建】→【书法字帖】选项。

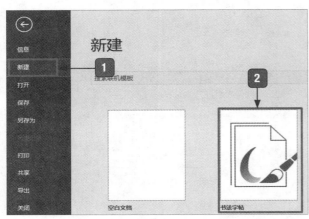

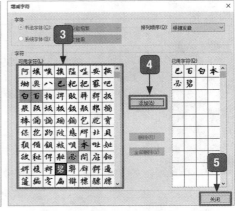

1 选择【新建】选项。

2 选择【书法字帖】选项。

3 选中需要的文字。

即可得到如下图所示的效果。

4 单击【添加】按钮，将选中的文字添加至【已用字符】列表。

5 单击【关闭】按钮。

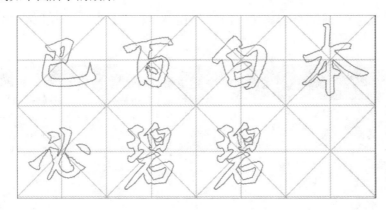

4. 使用联机模板创建文档

除了 Word 2016 自带的模板外，还为用户提供了很多精美的文档模板，使用这些模板不仅可以使你的文档看起来丰富多彩，还更具吸引力。

选择【文件】→【新建】选项，在搜索框中输入想要的模板类型，然后单击【开始搜索】

按钮 🔎，这里以"贺卡"为例，为用户介绍其用法。

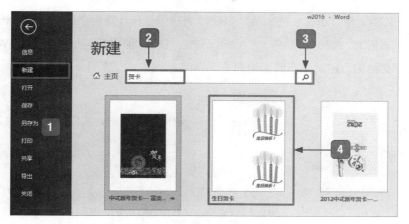

1 选择【新建】选项。

2 输入"贺卡"。

3 单击按钮 🔎。

4 选择【生日贺卡】选项。

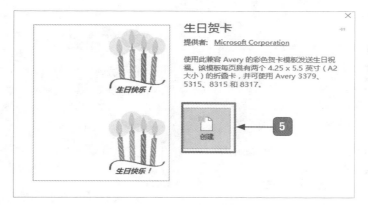

5 单击【创建】图标。

创建效果如下图所示。

2.1.2 保存 Word 文档

在 Word 文档工作时所建立的文档是以临时文档保存在计算机中的，如果退出文档操作，文档就会丢失。因此，我们需要将文档保存下来，这样才能供我们循环使用。Word 2016 提供了多种保存文档的方法，下面就为用户一一介绍。

1. 保存

在对文档编辑完以后，需要对文档进行保存操作，第一次保存文档会自动跳转到【另存为】对话框，具体操作如下。

在新建文档中输入文本。

> 在 word 文档工作时所建立的文档是以临时文档保存在电脑内，如果退出文档操作，文档就会丢失。因此，我们需要见文档保存下来，这样才能供我们循环使用。Word 2016 提供了多种保存文档的方法，下面就为用户一一示范。

选择【文件】→【保存】选项。

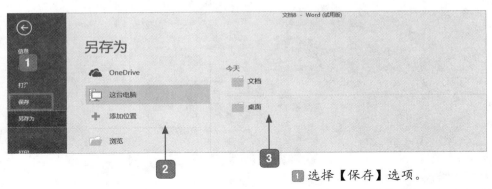

1 选择【保存】选项。

2 选择【这台电脑】选项。

3 单击【文档】选项。

4 输入自己想要的文件名。

5 保存类型为【Word 文档】。

6 单击【保存】按钮。

提示：
要保存文档，也可以单击快速访问工具栏中的【保存】按钮 或使用【Ctrl+S】组合键来实现。

保存效果如下图所示。

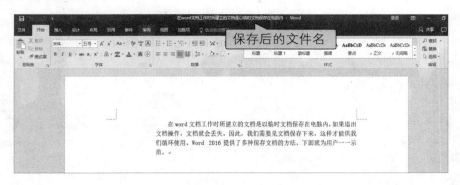

2. 另存为

第一次保存文档后文档就有了新的名称，当单击【保存】按钮或使用【Ctrl+S】组合键将不会弹出【另存为】对话框，而只是覆盖原有的文档。当然，如果不想覆盖修改前的文档，用户就可以使用"另存为"的方法把修改过的文档保存起来，具体操作如下。

在新建文档中输入文本。

在 word 文档工作时所建立的文档是以临时文档保存在电脑内，如果退出文档操作，文档就会丢失。因此，我们需要见文档保存下来，这样才能供我们循环使用。Word 2016 提供了多种保存文档的方法，下面就为用户一一示范。↵

选择【文件】→【另存为】选项。

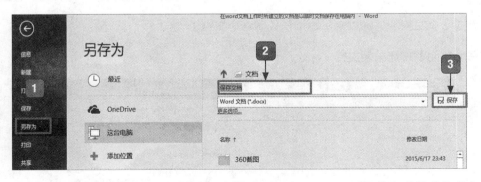

❶ 选择【另存为】选项。　　　❷ 输入文件名。　　　❸ 单击【保存】按钮。

若所显示的文档保存位置不是你要的保存位置，单击【更多选项】超链接即可跳转到【另

存为】对话框。

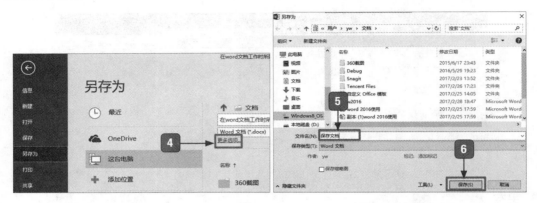

4 单击【更多选项】超链接。　　5 输入文件名。　　6 单击【保存】按钮。

保存效果如下图所示。

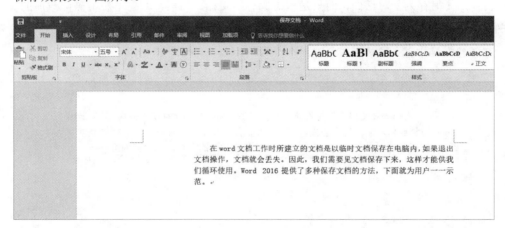

2.1.3 关闭 Word 文档

完成一个文档的编辑以后，就可以关闭这个文档了。

1. 使用【关闭】按钮关闭文档

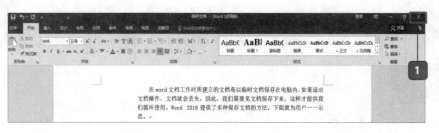

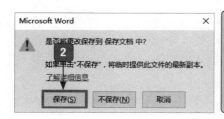

> **提示：**
>
> 　　单击【不保存】按钮，虽然能关闭文档，但是不能保存修改后的内容。单击【取消】按钮，就会放弃关闭文档操作。

1 单击【关闭】按钮。 　　　　　　　　　　**2** 单击【保存】按钮。

2. 使用【文件】选项卡关闭文档

　　此方法并不是很常用，相比使用【关闭】按钮关闭文档，此方法比较麻烦。

　　打开"素材 \ch02\ 瘦腿术 .docx"文件。

> **提示：**
>
> 　　本书所有的素材和结果文件，请根据前言提供的下载地址进行下载。

> 【睡前 10 分钟瘦腿术　消除水肿塑线条】一些女生非常地想瘦腿，但总是瘦不下来，小腿还是一如既往的粗壮。这种情况，很可能是你的小腿水肿。怎么办呢？下面这套腿部去浮肿按摩法，每天睡前做一次，每次 10 分钟，能够有效地缓解腿部肌肉疲劳，消除浮肿的双腿！

　　选择【文件】→【关闭】选项即可关闭文档。

2.1.4　保存文档到手机中

　　目前最简便的方法就是利用 QQ，电脑 QQ 和手机 QQ 同时在线。

1 找到电脑 QQ 上的此选项,
并打开。

2 单击该按钮。

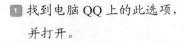

3 选中需要发送的文件。

4 单击【打开】按钮。

5 文件已发送至手机。

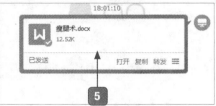

2.2 输入文本的技巧

小白:大神,为什么我每次输入文本都这么慢啊?总是被领导说工作效率低。

大神:那是因为你还不知道输入文本的技巧,只要你知道这些技巧,你的工作能力就会很快
增强。保证以后领导都夸你。

小白:听起来好高大上啊!

2.2.1 输入文本的一般方法

因为 Windows 的默认语言是英文,语言栏显示的图标是美式图标**M**,如果不进行英文
与汉语拼音的切换,则输入的文本即为英文。

1. 中文和标点的输入

在 Word 中输入文本时,输入数字时不需要切换中 / 英文输入法,但输入中 / 英文时则
需要切换。

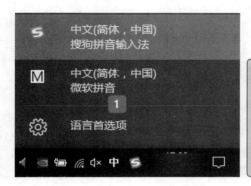

提示：

一般情况下，Windows 系统输入法之间的切换可以使用【Ctrl+Shift】组合键来实现。中／英文之间的切换可以用【Ctrl+空格键】组合键或【Shift】键来实现。

1️⃣ 打开文档，选中需要的汉语拼音输入法。

2️⃣ 用户可以使用汉语拼音输入文本。

在输入文本时，如果文字达到一行的最右端时，输入文本将自动跳转到下一行。如果在没输完一行想要换到下一行，可以按【Enter】键跳转到下一行，这样段落会产生一个 ↵ 标志。

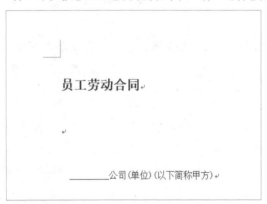

可以通过【插入】选项卡在文本中插入标点符号。

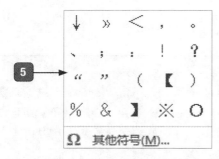

3 选择【插入】选项卡。

4 单击【符号】下拉按钮。

5 选中需要的符号。

将鼠标光标定位在文字句末，也可以使用快捷键的方法输入符号，例如，按【Shift+；】组合键，即可输入中文的全角冒号。

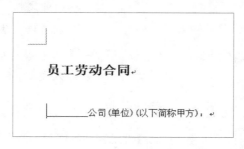

2. 英文和标点的输入

在中文输入法的状态下，按【Shift】键，即可更换为英文输入法。

英文输入和中文输入标点的方法相同，例如，按【Shift+/】组合键可在文本中输入"？"。

3. 输入时间和日期

打开"素材\ch02\员工劳动合同.docx"文件，将内容复制到文档中。

单击【插入】选项卡【文本】组中的【时间和日期】按钮。

1 单击【时间和日期】按钮。

2 选择日期格式。

3 选中【自动更新】复选框。

4 单击【确定】按钮。

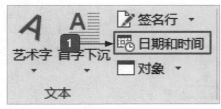

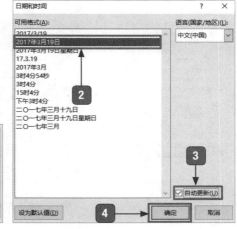

将日期移动到需要的位置即可。

2.2.2 即点即输的特殊方法

在 Word 2016 文档中，有一个"即点即输"的功能，此功能在文档编辑窗口中，当你想要在文档任意位置输入文本时，只要在任意位置单击就可以进行编辑，具体操作如下。

选择【文件】→【新建】→【空白文档】选项。

在新建的空白文档中选择【文件】→【选项】选项。

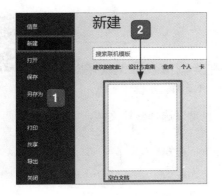

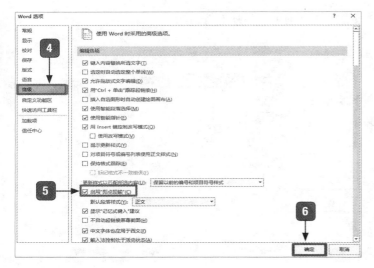

1 选择【新建】选项。

2 选择【空白文档】选项。

3 选择【选项】选项。

4 选择【高级】选项卡。

5 选中【启用"即点即输"】复选框。

6 单击【确定】按钮。

效果如下图所示。

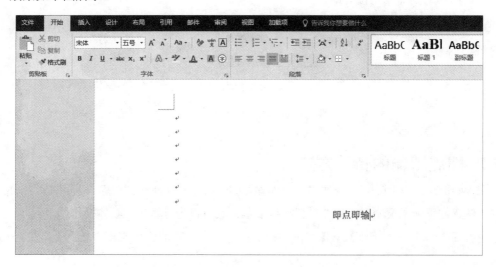

2.3 文本快速选中技巧

小白：大神，当我想要选择部分文本进行修改时，有没有什么方法只选择需要修改的那部分内容呢？

大神：当然有了，选定文本时既可以选择单个字符，也可以选择整篇文档，主要方法有两种。下面就让我为你介绍介绍。

小白：好啊好啊，那就开始吧。

2.3.1 使用鼠标选中文本

打开"素材 \ch02\ 员工劳动合同 .docx"文件，将内容复制到文档中。

将鼠标指针放置在想要选中的文本之前按住鼠标左键，同时拖曳鼠标，直到想要选中的文本最后一个字，完成后释放鼠标左键，即可选定文本内容。

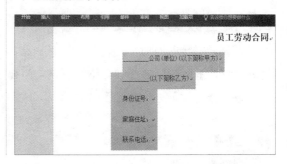

（1）选中全文：选择【开始】→【编辑】→【选择】→【全选】选项，或者将鼠标指针移动到需要选中段落的左侧空白处，当鼠标指针变为箭头形状时，单击左键三次，即可选中全文。

（2）选中段落：同上所说，双击鼠标左键，即可选中该段落。也可以在要选择的段落中，快速单击三次鼠标左键即可选中该段落。

（3）选中单行：将鼠标指针移动到需要选中行的左侧空白处，当鼠标指针变为箭头形状时，单击即可选中该行。

2.3.2 使用鼠标和键盘选中文本

将鼠标指针移动到需要选中的文本处，使用键盘与鼠标结合即可方便快捷地选中文本内容。其中键盘的快捷键如下表所示。

组合键	功能
【Shift+ ↑ 】	向上选中一行文本
【Shift+ ↓ 】	向下选中一行文本
【Shift+ ← 】	向左选中一个字符
【Shift+ → 】	向右选中一个字符
【Ctrl+A】/【Ctrl+5】	选中全部文档
【Ctrl+Shift+ ↑ 】	选中到当前段落开始位置
【Ctrl+Shift+ ↓ 】	选中到当前段落到结束位置
【Ctrl+Shift+Home】	选中文本到开始位置
【Ctrl+Shift+End】	选中文本到结束位置

2.4 修改文本的技巧

很多时候意外是难以避免的，有时会遇到文本错误、漏输、删除，文本在传送中损坏了，打不开。这时只要掌握了一些技巧，这些问题都会迎刃而解。下面介绍修改文本的方法。

2.4.1 更改错误的文本

在打开文档时有时会出现打开文件出错的情况，此时重启软件和系统都无济于事，那该怎么办呢？下面就为你详细介绍解决这一问题的方法。

选择【文件】→【选项】选项。

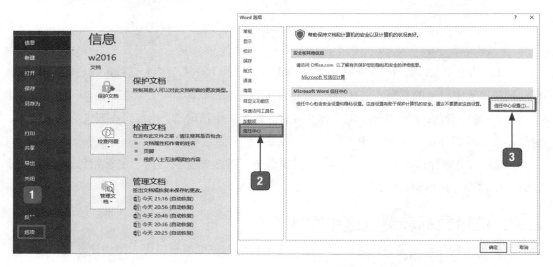

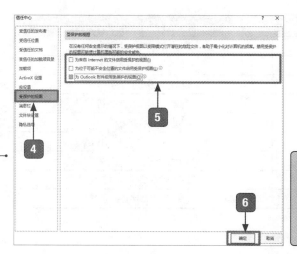

1 选择【选项】选项。

2 选择【信任中心】选项卡。

3 单击【信息中心设置】按钮。

4 选择【受保护的视图】选项卡。

5 取消选中 3 个复选框。

6 单击【确定】按钮。

> **提示：**
> 在完成编辑和查看后，最好恢复保护视图功能的选中状态，保障计算机的运行环境。

2.4.2 输入漏输的文本

新建一个空白文档，输入文本内容，这里漏输了一个"输"字。

将鼠标指针移动到漏输的位置，单击，指针变为"|"即可开始输入文本。

2.4.3 删除多余的文本

打开"素材\ch02\员工劳动合同.docx"文件，选中要删除的内容。

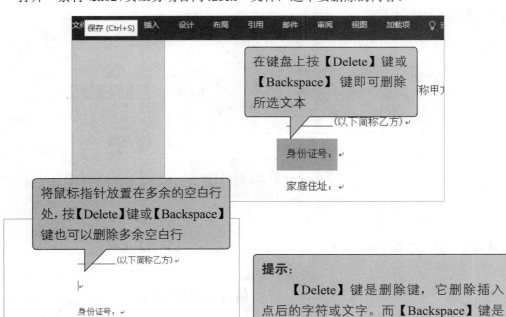

> **提示：**
> 【Delete】键是删除键，它删除插入点后的字符或文字。而【Backspace】键是退格键，它删除插入点前的字符或文字。

2.4.4 文本的换行技巧

打开"素材\ch02\员工劳动合同.docx"文件。

志↓，就可以开始输入下一行文本了。

将鼠标指针放到需要换行的文本句末，按【Enter】键即可换到下一行，此时会产生一个标志 ↵ ，也可以按【Shift+Enter】组合键来跳转到下一个段落，此时会产生一个标

提示：
虽然此时也达到换行输入的目的，但这样并不能结束这个段落，仅仅是换行输入而已。

2.4.5 复制和粘贴文本

打开"素材 \ch02\ 员工劳动合同 .docx"文件。

提示：
选定文本后，按【Ctrl+C】组合键也可以复制所选文本。

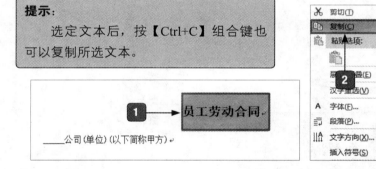

1 选中需要复制的文本，右击。　　　　　2 选择【复制】选项。

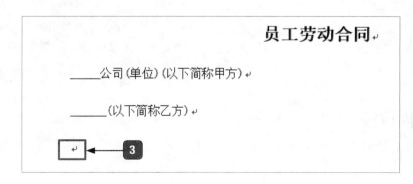

③ 将鼠标移动到需要粘贴文本处，右击。

④ 选择粘贴格式，这里选择【保留源格式】选项🖱。

粘贴效果如下图所示。

2.4.6 移动文本

打开"素材 \ch02\ 员工劳动合同 .docx"文件。

按住鼠标左键拖动，选中文本之后将鼠标指针放在选中区域上。

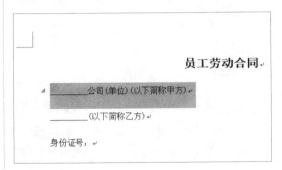

按住鼠标左键不放，拖到目标位置后释放左键即可。

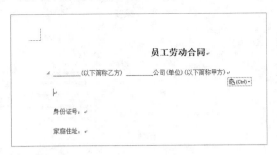

2.4.7 撤销和恢复文本

打开"素材 \ch02\ 员工劳动合同 .docx"文件。

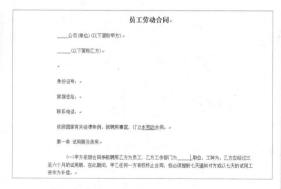

如果要撤销连续前几步操作，则可单击【撤销】下拉按钮 ，在弹出的下拉列表中选择要撤销的前几步操作。

每单击 一次可以撤销前一步的操作。

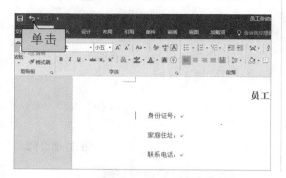

有时编辑的文档会因为某种原因而受到损坏，不过 Word 并没有提示恢复文本，这时就需要尝试手动恢复了。下面介绍如何恢复文本的方法。

单击【文件】→【打开】→【浏览】图标。

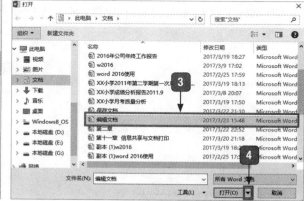

1 选择【打开】选项。

2 单击【浏览】图标。

3 选中已损坏的文档。

4 单击【打开】按钮后面的小三角。

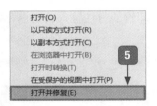

5 选择【打开并修复】选项。

修复后的文档名自动更换为"文档1"，如下图所示。

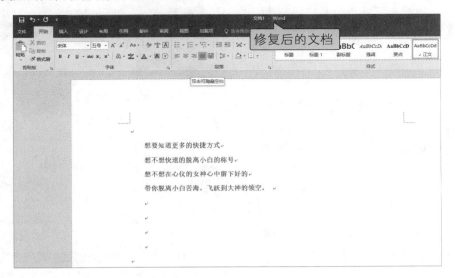

2.5 实战案例——制作公司内部通知

下面以"公司内部通知"为例，来简单介绍一下本章所学的部分内容。

选择【文件】→【新建】选项，新建一个空白文档。

在文档中输入通知的内容。

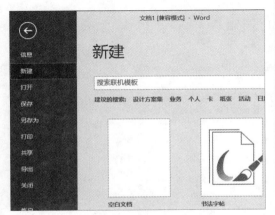

打开即点即输的方法输入公司名称。

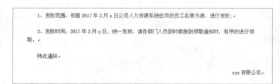

单击【插入】→【文本】组中的【时间和日期】按钮，添加日期和时间。

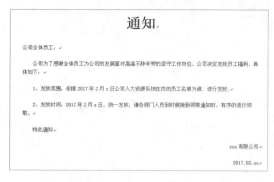

操作完成后对文件进行保存，单击【文件】→【保存】→【浏览】图标。

在弹出的【另存为】对话框中，输入文件名后单击【保存】按钮。

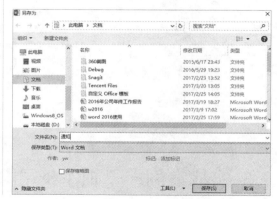

完成后的文档如下图所示。

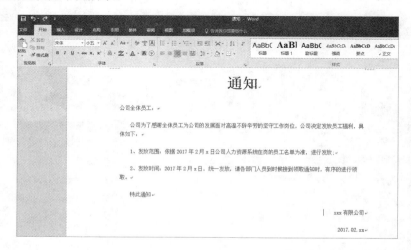

痛点解析

痛点 1：在段中输入文字时，后面文字被删除

有的用户在编辑 Word 文档时，可能会出现"在一段文字中需要插入一些内容，输入文字的时候后面的文字就被自动删除了"这一情况，如下图所示。下面就针对这一问题提供好的解决方法。

> 【睡前 10 分钟瘦腿术　消除水肿塑线条】一些女生非常地想瘦腿，但总是瘦不下来，小腿还是一如既 ~~原文本~~ 这种情况，很可能是你的小腿水肿。怎么办呢？下面这套腿部去浮肿按摩法，每天睡前做一次，每次 10 分钟，能够有效的缓解腿部肌肉疲劳，消除浮肿的双腿！

> 【睡前 10 分钟瘦腿术　消除水肿塑线条】一些女生非常地想瘦腿，但总是瘦不下来，小腿还是 ~~被替换的文本~~ 情况，很可能是你的小腿水肿。怎么办呢？下面这套腿部去浮肿按摩法，每天睡前做一次，每次 10 分钟，能够有效的缓解腿部肌肉疲劳，粗壮浮肿的双腿！

因为在编辑文本时不小心开启了改写模式，就是键盘上的【Insert】键，才会出现这种情况。此时只需要在 Word 文档中按一下【Insert】键即可退出改写模式。再按一下便可转换到改写模式。更改后即可正常输入文本。

> 【睡前 10 分钟瘦腿术　消除水肿塑线条】一些女生非常地想瘦腿，但总是瘦不下来，小腿还是一如既往的粗壮。这种情况，很可能是你的小腿水肿。怎么办呢？下面这套腿部去浮肿按摩法，每天睡前做一次，每次 10 分钟，能够有效的缓解腿部肌肉疲劳，粗壮消除浮肿的双腿！

痛点 2：软回车和硬回车有什么区别

软回车是【Shift+Enter】组合键产生的效果，一般文字后会有一个向下的箭头，如下图所示。

硬回车就是按【Enter】键产生的效果，一般文字后面会有一个向左弯曲的向下的箭头，如下图所示。

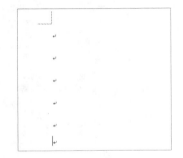

硬回车和软回车的主要区别在于：软回车是在换行不分段的情况下进行编写。而硬回车在分段上起了很关键的作用，经常打字的用户会深有体会。硬回车换出行的行距太大，以致给排版造成了不小的困难，这时候软回车就派上用场了。软回车只占一个字节，但是想要在Word中直接输入软回车并不是那么容易的，因为软回车不是真正的段落标记，它只是另起了一行而不是分段，所以它不是很利于文字排版，因为它无法作为单独的一段被赋予特殊的格式。

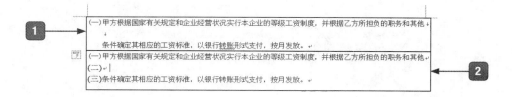

 这是换行的软回车。 这是分段的硬回车。

大神支招

问：怎样才能随时随地轻松搞定重要事情的记录，并且还不会遗忘？

这个其实很简单，只需要在手机中安装一款名称为"印象笔记"的应用就行了。印象笔记是一款多功能笔记类应用，不仅可以将平时工作和生活中的想法和知识记录在笔记内，还可以将需要按时完成的工作事项记录在笔记内，并设置事项的定时或预定位置提醒。同时，笔记内容可以通过账户在多个设备之间进行同步，无论图片还是文字，都能做到随时随地记录一切！

1. 创建新笔记并设置提醒

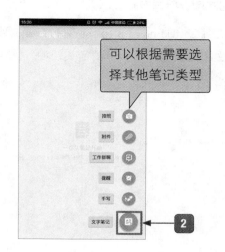

可以根据需要选择其他笔记类型

1 下载并安装"印象笔记",点击【点击创建新笔记】按钮。

2 选择【文字笔记】选项。

3 点击按钮📖。

4 点击【新建笔记本】按钮。

5 输入笔记本名称。

6 点击【好】按钮。

7 输入笔记内容,并选择文本。

8 点击按钮 A。

9 设置文字样式。

10 点击按钮。

11 选择【设置日期】选项。

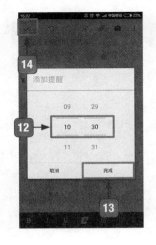

12 设置提醒时间。

13 点击【完成】按钮。

14 点击按钮 ✓。

15 创建新笔记后的效果。

2. 删除笔记本

1 点击【所有笔记】按钮。

2 选择【笔记本】选项。

3 长按要删除的笔记本名称。

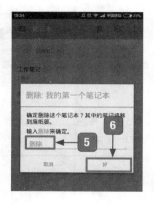

4 选择【删除】选项。

5 输入【删除】文本。

6 点击【好】按钮。

3. 搜索笔记

1 点击【搜索】按钮。

2 输入搜索内容。

3 显示搜索结果。

文档的基本排版操作
——编排个人工作报告

>>>　你的字体字号用得合适、漂亮吗？

>>>　你的段落对齐方式统一吗？

>>>　你会用底纹让文档更漂亮吗？

>>>　你会用边框将文档"裱"起来吗？

　　别急，学习完本章，老板就再也不用担心你的工作报告啦！

3.1 设置文本格式的技巧

　　Office 2016 为我们提供了便捷的空间，对文本格式的设置包括字体的大小、颜色，以及给字词添加拼音，设置上下标和字体效果等方面的效果，充分体现了文字编排的美感。

3.1.1 调整字体的大小和颜色

　　选中要调整的文字，选择【开始】选项卡，在【字体】组中进行设置。

身披薛荔衣，①山陟莓苔梯。

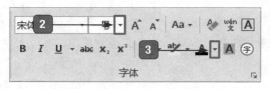

① 选中要调整的文字。

② 单击【字号】下拉按钮。

③ 单击【字体颜色】下拉按钮。

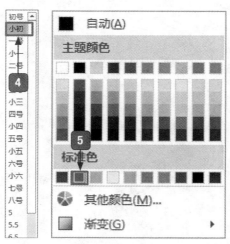

④ 设置字号为【小初】。

⑤ 设置颜色为红色。

最终效果如下图所示。

身披薛荔衣，山陟莓苔梯。

3.1.2 为汉字添加拼音

在制作文档时，难免会出现一些生僻字或多音字，这种情况下可以给汉字标注拼音，给大家营造便利的阅读环境。下面介绍怎么为汉字添加拼音。

身披薜荔衣，山陟莓苔梯。

1 单击【拼音指南】按钮。

2 设置对齐方式为【居中】。

3 单击【确定】按钮。

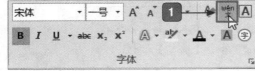

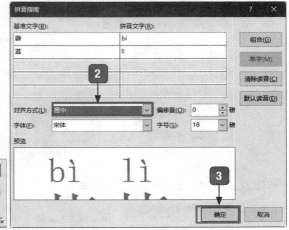

最终效果如下图所示。

bì lì
身披薜荔衣，山陟莓苔梯。

3.1.3 快速设置上标和下标

我们常常在化学公式或数学公式及其他公式中会使用上、下标，上、下标该如何设置呢？下面介绍用几种方法来设置上标和下标。

1. 在对话框中设置上标

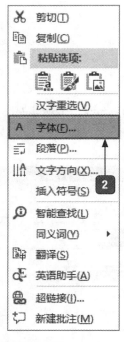

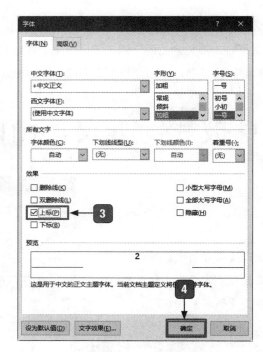

1 选中要进行设置的内容，右击。

2 选择【字体】选项。

3 选中【上标】复选框。

4 单击【确定】按钮。

　　最终效果如下图所示，下标和上标的设置方式相似，只需在【字体】对话框中选中【下标】复选框即可。

$$M*M=M^2$$

2. 用工具栏设置上下标

　　选择【开始】选项卡，在【字体】组中直接单击上、下标按钮即可。

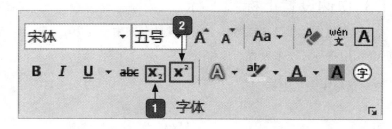

CO_2

1 下标按钮。

2 上标按钮。

> **提示：**
> 还可以用 Word 快捷键设置上、下标。
> 上标：【Ctrl+Shift+=】。
> 下标：【Ctrl+=】。

最终效果如下图所示。

$$CO_2$$

3.1.4 设置文本的字体效果

首先介绍几个常用按钮及其快捷键（在【开始】→【字体】组中），大家可以根据需要单击使用，不过一定要记得先选中要设置的文本。

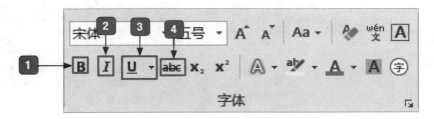

① 单击【文本加粗】按钮 B 。

② 单击【文本倾斜】下拉按钮 I 。

③ 单击【下画线】按钮 U 。

④ 单击【删除线】按钮 abc 。

> **提示：**
> 单击【下画线】下拉按钮可以更换更多下画线样式哦！

下面是上述 4 种按钮使用前后的文本效果。

123456 ➡ **_123456_**

大家还记得怎么打开【字体】对话框吗？我们一起来复习一下吧，选中文本，右击，在弹出的快捷菜单中选择【字体】选项，打开【字体】对话框。

小白：大神，有没有其他更简便的方法打开【字体】对话框呢？

大神：其实在【开始】选项卡的【字体】组中有一个小小的按钮可以直接打开呢，你注意到了吗？

57

小白：是右下角那个吗？

大神：答对了，其实【开始】选项卡的每个组右下角都有个神秘的按钮，现在我们就用这种便捷方式给大家演示常用操作（对文本字体进行填充、阴影设置）的方法和步骤。

设置文本的字体效果

单击【开始】选项卡【字体】组右下角的【功能扩展】按钮。弹出【字体】对话框。

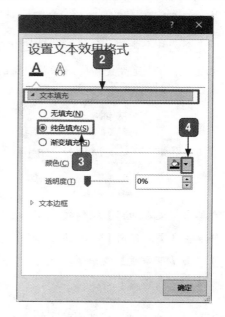

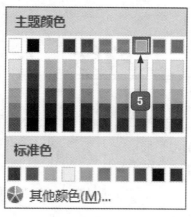

1 单击【文字效果】按钮。

2 单击【文本填充】按钮。

3 选中【纯色填充】单选按钮。

4 单击【颜色】下拉按钮。

5 选择黄色。

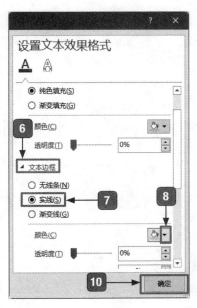

6 单击【文本边框】按钮。

7 选中【实线】单选按钮。

8 单击【颜色】下拉按钮。

9 选择蓝灰色。

10 单击【确定】按钮。

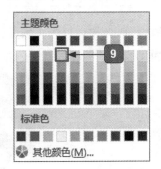

此时的文字效果如下图所示。

设置文本的字体效果

想让字体看起来更有立体感吗？那就加一个阴影吧！

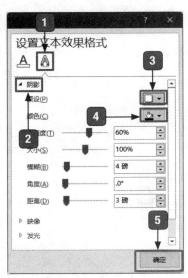

1 单击该按钮。

2 单击【阴影】按钮。

3 单击该按钮，选择【外部】→【偏移右】选项。

4 单击该按钮，选择【主体颜色】→【黑色】选项。

5 单击【确定】按钮。

59

最终效果如下图所示。

设置文本的字体效果

3.2 设置段落格式的技巧

干净整洁的排版效果可以为文档增色不少，因此段落格式的设置是必不可少的。Word 为我们提供了 5 种常用的对齐方式、两种缩进设置、一种行和段落间距设置等快捷按钮，下面为大家介绍这几种常用快捷按钮。

左对齐【Ctrl+L】：将文本所有的行内容与页的左边界对齐，右边是不规则的。

居中对齐【Ctrl+E】：将文本所有的内容都位于文档的正中间位置。

右对齐【Ctrl+R】：将文本所有的行内容与页的右边界对齐，左边是不规则的。

两端对齐【Ctrl+J】：将文本内容均匀分布在左右页边距之间，使两侧文字具有整齐的边缘。

分散对齐【Ctrl+Shift+J】：将文本在一行内靠两侧进行对齐，字与字之间会拉开一定的距离。

3.2.1 设置对齐方式

打开"素材 \ch03\ 咏鹅 .docx"文件。

1. 在对话框中设置

在弹出的快捷菜单中选择【段落】选项，在【缩进和间距】选项卡【对齐方式】列表框中选择【居中】选项。

① 选中文本并右击。

② 选择【段落】选项。

③ 选择【缩进和间距】→【对齐方式】 → 【居中】选项。

④ 单击【确定】按钮。

然后就得到的效果如下图所示。

> **咏鹅**
>
> 骆宾王（唐）
>
> 鹅鹅鹅，曲项向天歌。
>
> 白毛浮绿水，红掌拨清波。

2. 用工具栏设置对齐方式

选中要设置对齐方式的文本，直接在【开始】选项卡【段落】组中单击【居中】按钮  就可以了，除了【居中】对齐方式外，其他的对齐方式也可以使用这个快捷方式。

3.2.2 设置段落首行缩进

段落首行缩进是把段落的第一行从左向右缩进一定的距离，根据中文的书写形式，正文的每个段落首行要缩进两个字符。

那么面对长篇文章，我们该如何快速设置段落首行缩进呢？下面我们一起看看具体步骤吧。

打开"素材 \ch03\ 假如我有九条命 .docx"文件，选中要缩进的文本。

大神：小白，你还记得怎么打开【字体】对话框吗？

小白：当然记得啊，上一节才讲过啊，还学习了一种简便的打开方式呢。

大神：记得就行，那我们就用右下角的【段落设置】按钮 ⫧ 打开【段落】对话框吧。

打开【段落】对话框设置【特殊格式】为【首行缩进】 【增进值】为【2 字符】

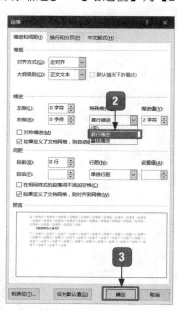

1 单击按钮 ⫧ 。

2 选择【首行缩进】选项。

3 单击【确定】按钮。

3.2.3 使用标尺快速调整文本缩进

打开"素材 \ch03\ 假如我有九条命 .docx"文件。

在【视图】选项卡【显示】组中选中【标尺】复选框，就会在文章上方出现标尺了。

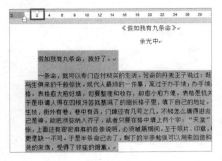

【标尺】有三种样式，分别有不同的功能，想知道是什么吗？

拖动上方滑块，进行【段落首行缩进】设置。

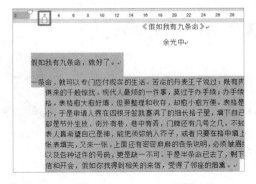

拖动下方滑块，设置【悬挂缩进】。

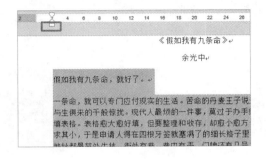

拖动下方长方形滑块，设置【左缩进】。

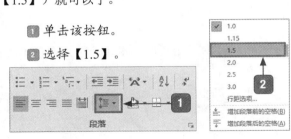

大神：小白，你学会了吗？

小白：没问题，用标尺好方便啊！

大神：对啊，巧用标尺，可以提高办公效率哦。

3.2.4 设置宽松的段落间距和行距

设置方法依旧是先打开【段落】设置窗口，前两节已经介绍过了，大家可以找前面的步骤复习一下。

除了通过【段落】对话框这一设置方式外，这一小节我们使用快捷按钮来设置。

单击【开始】选项卡【段落】组中的【行和段落间距】按钮，在弹出的下拉列表中选择需要的距离（如【1.5】）就可以了。

1 单击该按钮。

2 选择【1.5】。

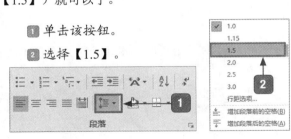

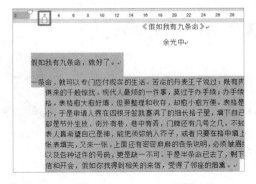

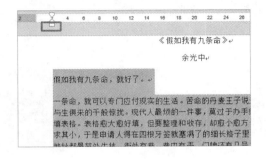

如果觉得不满意，可以直接打开【段落】对话框进行细致的设置。

3.3 段落的编号处理

合理地利用编号，会让你的文档层次感更强，逻辑思维更准确。

3.3.1 快速添加项目符号和编号

在文档中使用项目符号和编号，可以使文本重点内容突出。

1. 添加项目符号

选择需要添加项目符号的内容单击【开始】选项卡【段落】组　　【项目符号】下拉按钮，选择项目符号样式。

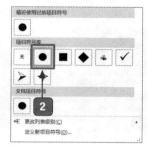

最终添加项目符号的效果如下图所示。

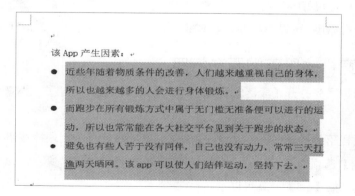

2. 添加编号

添加编号的方法与添加项目编号相似，单击【开始】选项卡【段落】组【编号】下拉按钮选择编号的样式。

1 单击按钮 。

2 选择样式。

文本中则出现添加的编号，效果如下图所示。

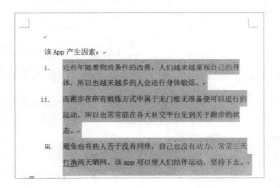

3.3.2 让 Word 停止自动编号

有时候我们在一个小标题中写了好多内容，换行时常常文档自动编号到下一内容，造成了很多不便。那么怎么才能让 Word 停止自动编号呢？

选择【文件】→【选项】选项。

在弹出的【Word 选项】对话框中选择【校对】选项卡，单击右侧的【自动更正选项】按钮。

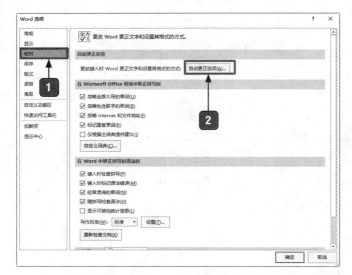

1 选择【校对】选项卡。

2 单击【自动更正选项】按钮。

在弹出的【自动更正】对话框中单击【键入时自动套用格式】标签，取消选中【自动编号列表】单击【确定】按钮。

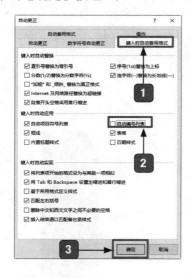

1 单击【键入时自动套用格式】标签。

2 取消选中【自动编号列表】复选框。

3 单击【确定】按钮。

3.3.3 调整序号和文字的间距

选中要调整序号和文字的间距的文本右击，在弹出的快捷菜单中选择【调整列表缩进】选项。

1 选择【调整列表缩进】选项。

在弹出的【调整列表缩进量】对话框中选中【制表位添加位置】复选框，更改数值，该数值就是控制编号和文本间距离的，单击【确定】按钮。

2 选中【制表位添加位置】复选框。

3 单击【确定】按钮。

最终效果如下图所示。

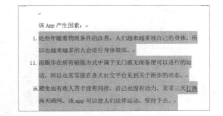

3.4 边框和底纹

边框和底纹可以让你的文档锦上添花，让别人羡慕不已，快来看看怎么设置吧。

3.4.1 为文本添加边框

单击【设计】选项卡【页面背景】组【页面边框】按钮。

1 单击【页面边框】按钮。

在弹出的【边框和底纹】对话框中选择【边框】选项卡，根据需要设置样式、颜色和宽度等，设置应用于【段落】，设置完成后单击【确定】按钮。

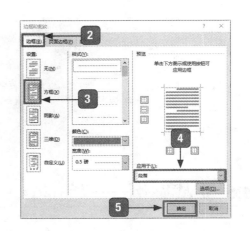

2 选择【边框】选项卡。

3 单击【方框】图标。

4 设置应用于【段落】。

5 单击【确定】按钮。

最终效果如下图所示。

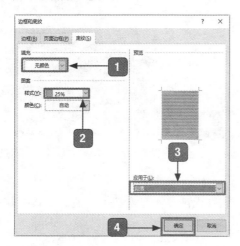

3.4.2 为文本添加底纹

单击【设计】选项卡【页面背景】组中的【页面边框】按钮，在弹出的【边框和底纹】对话框中选择【底纹】选项卡，根据需要设置填充颜色、样式等，设置应用于【段落】，设置完成后单击【确定】按钮。

1 选择【无颜色】选项。

2 设置【样式】位 "25%"。

3 设置应用于【段落】。

4 单击【确定】按钮。

效果如下图所示。

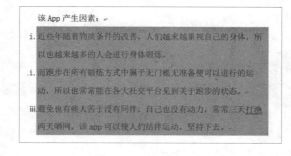

3.5 实战案例——编排个人工作报告

打开空白文档，将"素材\ch03\个人工作报告.docx"内容复制到空白文档中。

如下图所示。

选中文档的全部文字，右击。

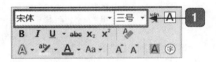

1 设置字体为宋体，字号为三号。

效果变化如下图所示。

选中标题，右击。

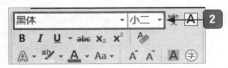

2 设置字体为黑体，字号为小二。

效果如下图所示。

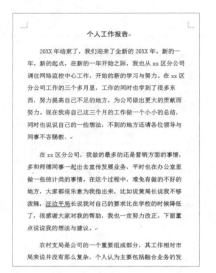

单击【布局】选项卡【页面设置】组中的按钮 。

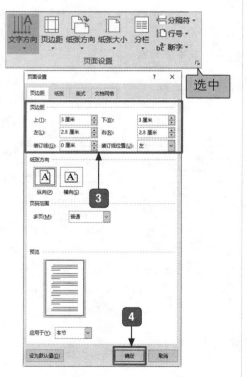

③ 设置页边距上下左右为：3厘米、3

厘米、2.8厘米、2.8厘米。

④ 单击【确定】按钮。

单击【纸张大小】下拉按钮，调整纸张为A4。

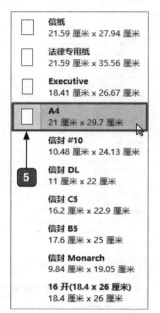

⑤ 选择该选项。

效果如下图所示。

个人工作报告

20XX 年结束了，我们迎来了全新的 20XX 年。新的一年，新的起点，在新的一年开始之际，我也从 xx 区分公司调往网络监控中心工作，开始的新的学习与努力。在 xx 区分公司工作的三个多月里，工作的同时也学到了很多东西，努力提高自己不足的地方，为公司做出更大的贡献而努力。现在我将自己这三个月的工作做一个小小的总结，同时也说说自己的一些想法，不到的地方还请各位领导与同事不吝赐教。

在 xx 区分公司，我做的最多的还是营销方面的事情，多和师傅同事一起出去宣传发展业务，平时也在办公室里做一些统计类的事情。在这个过程中，难免有做的不好的地方，大家都很乐意为我指出来，比如说黄局长说我不够泼辣，汪边平局长说我对自己的要求比在学校的时候降低了，很感谢大家对我的帮助，我也一定努力改正。下面重点说说我的想法与建议。

农村支局是公司的一个重要组成部分，其工作相对市局来说并没有那么复杂，个人认为主要包括融合业务的发展与服务质量的保证两大部分，业务有效稳定的发展之后，服务质量也紧跟直上，那么收入自然也会上来。所以我觉得现在区局里面

单击【布局】选项卡【段落】组中的 ⌐ 按钮。

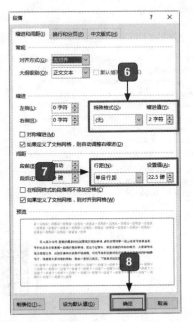

6 设置首行缩进 2 字符。

7 设置行距为单倍行距。

8 单击【确定】按钮。

效果如下图所示。

个人工作报告

20XX 年结束了，我们迎来了全新的 20XX 年。新的一年，新的起点，在新的一年开始之际，我也从 xx 区分公司调往网络监控中心工作，开始的新的学习与努力。在 xx 区分公司工作的三个多月里，工作的同时也学到了很多东西，努力提高自己不足的地方，为公司做出更大的贡献而努力。现在我将自己这三个月的工作做一个小小的总结，同时也说说自己的一些想法，不到的地方还请各位领导与同事不吝赐教。

在 xx 区分公司，我做的最多的还是营销方面的事情，多和师傅同事一起出去宣传发展业务，平时也在办公室里做一些统计类的事情，在这个过程中，难免有做的不好的地方，大家都很乐意为我指出来，比如说黄局长说我不够泼辣，汪边平局长说我对自己的要求比在学校的时候降低了，很感谢大家对我的帮助，我也一定努力改正。下面重点说说我的想法与建议。

农村支局是公司的一个重要组成部分，其工作相对市局来说并没有那么复杂，个人认为主要包括融合业务的发展与服务质量的保证两大部分。业务有效稳定的发展之后，服务质量也紧跟直上，那么收入自然也会上来。所以我觉得现在区局里面最要做的一件事就是对客户的服务跟踪。现在我们都在大力发

单击【插入】选项卡【页眉和页脚】组中的【页码】按钮。

9 选择【页面底端】选项。

10 选择【普通数字 2】选项。

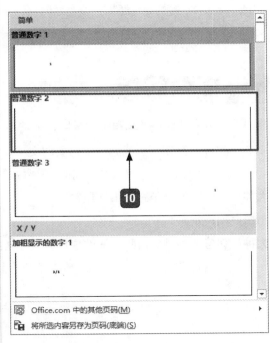

最终效果如下图所示。

个人工作报告

20XX 年结束了，我们迎来了全新的 20XX 年。新的一年，新的起点，在新的一年开始之际，我也从 xx 区分公司调往网络监控中心工作，开始的新的学习与努力。在 xx 区分公司工作的三个多月里，工作的同时也学到了很多东西，努力提高自己不足的地方，为公司做出更大的贡献而努力，现在我将自己这三个月的工作做一个小小的总结，同时也说说自己的一些想法，不到的地方还请各位领导与同事不吝赐教。

在 xx 区分公司，我做的最多的还是营销方面的事情，多和师傅同事一起出去宣传发展业务，平时也在办公室里做一些统计类的事情，在这个过程中，难免有做的不好的地方，大家都很乐意为我指出来，比如说黄局长说我不够泼辣，汪边平局长说对自己的要求比在学校的时候降低了，很感谢大家对我的帮助，我也一定努力改正。下面重点说说我的想法与建议。

农村支局是公司的一个重要组成部分，其工作相对市局来说并没有那么复杂，个人认为主要包括融合业务的发展与服务质量的保证两大部分，业务有效稳定的发展之后，服务质量也紧跟直上，那么收入自然也会上来，所以我觉得现在区局里面最重要做的一件事就是对客户的服务跟踪。现在我们在大力发

展各种各样的全业务套餐，我的 E 家、天翼等等，还有网吧及各种 VPN 虚拟专网，现在基本上都是发展了就不管了，用户入网以后就可以说是无人问津，对用户关怀不够，后面发展了一个用户的同时，前面发展的用户又流失了，那么我们的努力又起到什么作用了？所以我认为我们在努力发展新新用户的同时，在存量保有和对老用户的关怀上还应该多做一些，和用户多沟通，了解他们的需求。比如在发展新用户的时候，也可以通过老用户进行宣传，让老用户加入到我们的宣传队伍中来，这样也许更有说服力一些，要尽可能的利用已有的资源。这样做，不仅让老用户感觉到了中国电信的服务，同时发展了新的中国电信用户。另外，平时也应该对老用户有一些优惠政策，比如宽带续签用户，月消费金额比较大的用户等，在市局的政策应该也可以应用于农村支局，对农村支局来说应该有它特有的政策。在资费定制方面也应该结合农村的具体情况，有时候们也不能等着市局政策，我们也可以根据自己的具体情况向相关部门提出一些建议，找到合适的方案。

第二，我想谈谈这次的春季营销。我觉得我们这次做的最不好的地方就是准备工作不充分。营销要做好，除了有效的组织，前期的准备工作也很重要。我觉得我们在准备工作方面做

痛点解析

痛点 1：如何批量删除文档中的空白行

小白： 大神，我在网上找到一篇需要的文章，可是复制到文档中后，段落和段落之间出现了好多空白行，一个一个地删除需要好长时间啊。

大神： 哈哈，是不是感觉很麻烦？

小白： 唉，是啊！

大神： 你怎么不早点问我？我教你，下次你就能快速解决这个问题了。

（1）找到有空白行的文档，单击【开始】选项卡【编辑】组中的【替换】按钮。

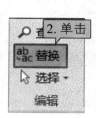

（2）在弹出的对话框中，单击【更多】按钮。

3. 单击

（3）单击【特殊格式】下拉按钮，在弹出的下拉菜单中选择【段落标记】选项。

4. 单击

段落标记(P)
制表符(T)
任意字符(C) —— 5. 选择
任意数字(G)
任意字母(Y)
脱字号(R)
§ 分节符(A)

提示：
　　因为空白行数比较多，所以选择多次【段落标记】。

（4）在【查找内容】和【替换为】文

本框中输入如图所示的内容后，单击【全部替换】按钮。

6. 在【查找内容】文本框中输入两遍"^p"，在【替换为】中输入一个"^p"

7. 单击

Microsoft Word
ⓘ 全部完成。完成 3 处替换。
确定

变化如下图所示。

近些年随着物质条件的改善，人们越来越重视自己的身体，所以也越来越多的人会进行身体锻炼。

同时又由于移动互联的飞速发展，大量的运动 App 也随之产生。而跑步在所有锻炼方式中属于无门槛无准备便可以进行的运动，所以也常常能在各大社交平台见到关于跑步的状态。

因此运动 App 中大多数都是以跑步为基础来搭建应用，个别应用甚至只适用于跑步。

也有些人苦于没有同伴，自己也没有动力，常常三天打渔两天晒网。该 app 可以使人们结伴运动，坚持下去。

痛点 2：假（软）回车符导致首行缩进不灵验

小白：大神，为什么我在使用 Word 时，只想对齐一段话，可是整篇文章都改变了。

大神：哈哈，那你肯定是在每段后面用错了符号。你看一下你句子后面是回车符（↓）吗？

小白：真的呀！大神快教教我这可怎么办啊？

大神：好好好，我现在就跟你说。

　　注意观察每个段落结束后的符号。箭头向下的为手动换行符，而箭头左拐的是自动换行符。在手动换行符标记的文章中进行段落对齐整篇都会改动。

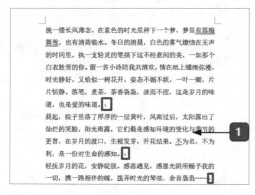

■ 打开需要改动的文档。

选择文本，右击。在弹出的快捷菜单中选择【段落】选项。

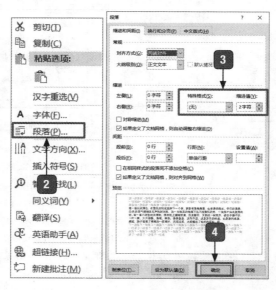

② 选择【段落】选项。

③ 设置首行缩进 2 字符。

④ 单击【确定】按钮。

现在的效果如下图所示。

此时只有第一行进行了首行缩进，而后面两段都没有进行首行缩进

挽一缕长风薄念，在素色的时光里种下一个梦，梦里<u>有</u><u>落梅暮雪</u>，也有清荷临水。冬日的清晨，白色的雾气缭绕在无声的时间里，执一支轻灵的笔描下这不经意间的美，一如那个白衣胜雪的你。留一首小诗陪我共清欢，情在纸上缱绻弥漫，时光静好，又恰似一树花开，姿态不媚不妖，一叶一瓣，片片恬静。落笔，煮茶，茶香袅袅，淡而不涩，这是岁月的味道，也是爱的味道。↵

晨起，院子里落了厚厚的一层黄叶，风雨过后，太阳露出了灿烂的笑脸，阳光雨露，它们最是感知环境的变化与季节的更替，在岁月的渡口，生根发芽，开花结果。<u>不</u>为名，不为利，是一份对生命的感知。↵

轻抚岁月的花，安静绽放。感恩遇见，感恩光阴所赐予我的一切，携一路相伴的暖，拨弄时光的琴弦，余音袅袅……↵

提示：

　　↵和↓两种标记符分隔的两部分内容看上去像是两个段落，但实际结构并不相同。因为【Enter】键产生的↵将段落内容分成了各自独立的两个段落，而【Shift+Enter】组合键产生的↓只是一个段落标记，使文本换行，分出的两部分内容仍然属于同一段落。

单击【开始】选项卡【编辑】组中的【替换】按钮。

5　单击【替换】按钮。

6　单击【更多】按钮，在弹出的下拉菜单中，单击【替换】栏中【特殊格式】按钮。

7　在【查找内容】列表框中选择【手动换行符】，【替换为】列表框中选择【段落标记】。

8 单击【全部替换】按钮。

9 单击【确定】按钮。

最终效果如下图所示。

> 挽一缕长风薄念，在素色的时光里种下一个梦，梦里有落梅舞雪，也有清荷临水。冬日的清晨，白色的雾气缭绕在无声的时间里，执一支轻灵的笔描下这不经意间的美，一如那个白衣胜雪的你。留一首小诗陪我共清欢，情在纸上缱绻弥漫，时光静好，又恰似一树花开，姿态不媚不妖，一叶一瓣，片片恬静。落笔，煮茶，茶香袅袅，淡而不涩，这是岁月的味道，也是爱的味道。
>
> 晨起，院子里落了厚厚的一层黄叶，风雨过后，太阳露出了灿烂的笑脸，阳光雨露，它们最是感知环境的变化与季节的更替，在岁月的渡口，生根发芽，开花结果。不为名，不为利，是一份对生命的感知。
>
> 轻抚岁月的花，安静绽放。感恩遇见，感恩光阴所赐予我的一切，携一路相伴的暖，拨弄时光的琴弦，余音袅袅……

痛点 3：防止样式和格式混用

小白：我修改了样式，但是有的应用此样式的文本却没发生改变。

大神：那你一定是样式和格式混用了，这样子会很麻烦的。

小白：啊？！难道我又要加班了吗？

大神：我给你讲讲样式和格式的区别吧。针对文本字体段落等的设置，属于格式，还有一种操作称为样式。我带你来看看。

区别样式和格式，防止样式和格式混用

区别样式和格式，防止样式和格式混用

区别样式和格式，防止样式和格式混用

区别样式和格式，防止样式和格式混用

区别样式和格式，防止样式和格式混用

给上面的文本设置格式，参数如下图所示。选中需要更改的文字，进行格式更改（颜色标红）。

效果如下图所示。

区别样式和格式，防止样式和格式混用

区别样式和格式，防止样式和格式混用

区别样式和格式，防止样式和格式混用

区别样式和格式，防止样式和格式混用

区别样式和格式，防止样式和格式混用

提示：

不使用样式，此时只改变选中的文本格式。

给上面的文本设置样式，选中文字。进行样式的创建并添加到快速样式栏中。

可以看到新添加的样式效果出现在【样式】栏中。

提示：

当文本内容少时，可以利用【格式刷】等直接设置格式，当文本内容较多时，样式的批量操作就很有优势！

例如，此处文本统一使用了样式。

区别样式和格式，防止样式和格式混用

区别样式和格式，防止样式和格式混用

区别样式和格式，防止样式和格式混用

区别样式和格式，防止样式和格式混用

区别样式和格式，防止样式和格式混用

修改了样式后，如字体调为黑色，此时文本颜色全部更变。

区别样式和格式，防止样式和格式混用

区别样式和格式，防止样式和格式混用

区别样式和格式，防止样式和格式混用

区别样式和格式，防止样式和格式混用

区别样式和格式，防止样式和格式混用

样式与格式混用会导致文本处理速度变慢，样式的具体操作，在下一章会有更详细的讲解。

🎓 大神支招

问：打电话或听报告时有重要讲话内容，怎样才能快速、高效速记？

在通话过程中，如果身边没有纸和笔，在听报告时，用纸和笔记录的速度比较慢，都会导致重要信息记录不完整。随着智能手机的普及，人们有越来越多的方式对信息进行记录，可以轻松甩掉纸和笔，一字不差地高效速记。

1. 在通话中，使用电话录音功能

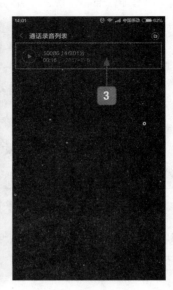

1 在通话过程中，点击【录音】按钮。

2 即可开始录音，并显示录制时间。

3 通话结束后，在【通话录音列表】中

即可看到录音的详细信息，并能够播放录音。

2. 在会议中，使用手机录音功能

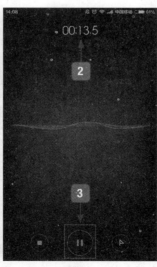
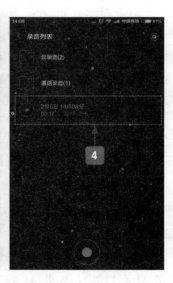

1 打开【录音机】应用，点击【录音】按钮。

2 即可开始录音。

3 点击【停止】按钮，结束声音录制。

4 自动打开【录音列表】页面，点击录音文件即可播放录音。

04

CHAPTER

第4章

文档的高级排版操作——编排材料管理制度

>>> 你能想象，我们像刷墙一样轻松修改文档格式吗？

>>> 你想让文档分成两栏或三栏显示吗？

>>> 你知道样式可以轻松地调整整篇文档的大纲和格式吗？

>>> 你还在一次一次地重复做着格式完全一样的文档吗？

本章就来带你进一步学习文档的排版操作，让你更加了解 Word 的神奇之处！

4.1 使用格式刷

　　格式刷是 Word 中非常强大的功能之一，有了格式刷功能，工作将变得更加简单省时。在给文档中大量的内容重复应用相同的格式时，就可以利用格式刷完成。

4.1.1 "一次性"格式刷的使用

大神：小白，看好了，我给你举个例子来说明一下。

小白：那就开始吧。

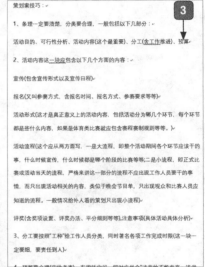

1 选中要作为模板的文字。

2 单击【开始】选项卡【剪贴板】组中的【格式刷】按钮。

3 选中想要改变格式的文字即可。效果如图所示。

> **提示：**
>
> 　　"一次性"格式刷使用完毕后，即自动退出格式刷操作。

4.1.2 "永久性"格式刷的使用

小白：哦，原来格式刷这么简单好用啊。

大神：哈哈，必须的。

小白：可是大神，如果不同页码上都需要改格式，那不是每次还要单击【格式刷】按钮吗？

大神：这问题，Word 早已经想到了！双击【格式刷】按钮，便可重复使用。

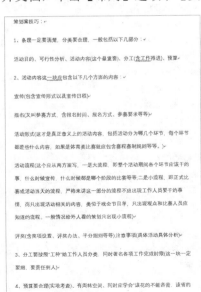

提示：

　　"永久性"格式刷使用完毕后，单击【格式刷】按钮，即可退出格式刷操作。

4.2 使用分栏排版

　　报纸排成一栏一栏的，既美观又整齐，您是不是很羡慕？现在来为大家介绍一下分栏功能的基本操作。

4.2.1 创建分栏版式

　　打开文档，单击【布局】选项卡【页面设置】组中的【分栏】下拉按钮 。

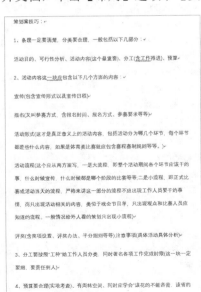

1 单击【分栏】下拉按钮。

在弹出的下拉列表中选择【更多分栏】选项。

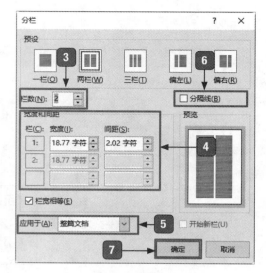

2 选择【更多分栏】选项。

在弹出的【分栏】对话框中进行设置。

提示：

如果不需要特殊设置，就直接单击【两栏】图标。

3 设置【栏数】为【2】。

4 设置宽度和间距。

5 设置应用区域。

6 设置是否需要分隔线。

7 单击【确定】按钮。

效果如下图所示。

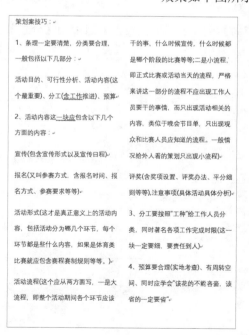

4.2.2 删除分栏版式

选择部分文字删除分栏版式。

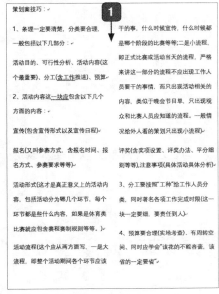

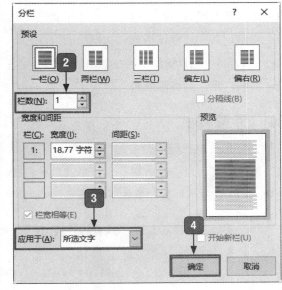

1 选择分栏的文字。

2 将【栏数】设置为【1】。

效果如下图所示。

3 【应用于】调整为【所选文字】。

4 单击【确定】按钮。

策划案技巧：

1、条理一定要清楚，分类要合理，一般包括以下几部分：

活动目的、可行性分析、活动内容(这个最重要)、分工(含工作推进)、预算

2、活动内容这一块应包含以下几个方面的内容：

宣传(包含宣传形式以及宣传日程)

报名(又叫参赛方式，含报名时间、报名方式、参赛要求等等)

活动形式(这才是真正意义上的活动内容，包括活动分为哪几个环节，每个环节都是些什么内容，如果是体育类比赛就应包含赛程赛制规则等等。)

活动流程(这个应从两方面写，一是大流程，即整个活动期间各个环节应该干的事，什么时候宣传，什么时候都是哪个阶段的比赛等等；二是小流程，即正式比赛或活动当天的流程，严格来讲这一部分的流程不应出现工作人员要干的事情，而只出现活动相关的内容，类似于晚会节目单，只出现观众和比赛人员应知道的流程，一般情况给外人看的策划只出现小流程)

评奖(含奖项设置、评奖办法、平分细则等等)，注意事项(具体活动具体分析)。

3、分工要按照"工种"给工作人员分类，同时著名各项工作完成时限(这一块一定要细，要责任到人)

4、预算要合理(实地考查)、有周转空间、同时应学会"该花的不能吝啬，该省

4.3 比格式刷更方便的样式设置

大神：小白，你觉得格式刷怎么样？

小白：格式刷？很好用啊。因为它我早早就统一好了格式。真多亏您了。

大神：哈哈，其实还有比格式刷更好用的方法呢。

小白：什么？！还有比格式刷更好用的？

大神：对啊，走，带你瞧瞧去。

4.3.1 了解样式

样式是指一组已经被命名的字符格式或段落格式。通过使用样式就可以给文本设定一套格式。使用样式可以提高效率，保证格式的一致性。

Word 2016 自带样式功能如下图所示。

4.3.2 基于现有内容的格式创建新样式

我们常常根据事先设置的文本格式或者段落格式来进行新样式的创建，并添加到样式库中，以便在其他文本或段落中应用同样的格式。

打开文档，选择已经设计好的格式并且想要做成样式的第一段文本，右击，在弹出的快捷菜单中单击【样式】下拉按钮。

时间是有限的，同样也是无限的，有限的是每年只有三百六十五天，每天二十四小时，但它周而复始的在流逝。人生匆匆不过几十个春秋，直止老去的那天，时间还是那样，每一分每一秒的在走，像是无限的一样，但它赋予我们每个人的生命是有限的。

做人就要有目标，干一番轰轰烈烈的事业，就算没有成功，回过头来仔细想想看，至少自己努力去做过，没有浪费时间，更没有虚度光阴。正所谓"一寸光阴一寸金，寸金难买寸光阴"，钱是一分一分挣来的，浪费了多少时间就等于是浪费了多少金钱。所以每一天，每一小时，每一分钟都很有价值。

1 选中指定的内容。

2 单击【样式】下拉按钮。

③ 在弹出的下拉列表中选择【创建样式】选项。

④ 更改名称。

⑤ 单击【确定】按钮。

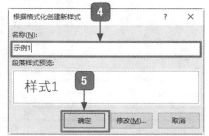

可以看到样式栏中出现了创建的样式。

此时选中第二段文本。

时间是有限的，同样也是无限的，有限的是每年只有三百六十五天，每天二十四小时，但它周而复始的在流逝。人生匆匆不过几十个春秋，直止老去的那天，时间还是那样，每一分每一秒的在走，像是无限的一样，但它赋予我们每个人的生命是有限的。

做人就要有目标，干一番轰轰烈烈的事业，就算没有成功，回过头来仔细想想看，至少自己努力去做过，没有浪费时间，更没有虚度光阴。正所谓"一寸光阴一寸金，寸金难买寸光阴"，钱是一分一分挣来的，浪费了多少时间就等于是浪费了多少金钱。所以每一天，每一小时，每一分钟都很有价值。

⑥ 选中文本。

⑦ 选择选项 。

效果如下图所示。

时间是有限的，同样也是无限的，有限的是每年只有三百六十五天，每天二十四小时，但它周而复始的在流逝。人生匆匆不过几十个春秋，直止老去的那天，时间还是那样，每一分每一秒的在走，像是无限的一样，但它赋予我们每个人的生命是有限的。

做人就要有目标，干一番轰轰烈烈的事业，就算没有成功，回过头来仔细想想看，至少自己努力去做过，没有浪费时间，更没有虚度光阴。正所谓"一寸光阴一寸金，寸金难买寸光阴"，钱是一分一分挣来的，浪费了多少时间就等于是浪费了多少金钱。所以每一天，每一小时，每一分钟都很有价值。

4.3.3 基于指定的样式创建新样式

我们有时选择的样式与即将创建的样式在格式上很接近，只需要少量的修改即可得到新样式中的所需格式，方便以后更好地使用也可以进行样式创建后，基于自己创建的样式进行新样式创建。

此处以【基于正文】样式为例。单击【开始】选项卡【样式】组中的按钮 ⌐。

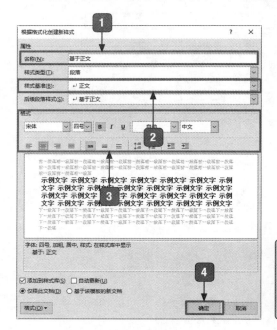

1 设置名称为基于正文。

2 设置样式基准为正文。

3 设置基本格式。

4 单击【确定】按钮。

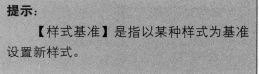

> **提示：**
>
> 　　【样式基准】是指以某种样式为基准设置新样式。

可以观察到快速样式库中已经添加了新样式【基于正文】，效果如下图所示。

4.3.4 修改样式

在不同的文档编辑阶段，可能会对文本格式有着不同的需求。如果对文本进行了样式的设定，那么当对样式有了新要求时，只需要对样式进行修改，新的格式将自动更新到所设置该样式的文本中。

打开 Word 文档。

1、仪表——第一印象的关键

仪表，也就是人的外表形象，包括仪容、服饰、姿态和风度，是一个人教养、性格内涵的外在表现。

讲究个人卫生、保持衣着整洁是仪表美的最基本要求。在日常生活中，只要有条件，就必须勤梳洗、讲卫生，尤其在社交场合务必穿戴整齐，精神振作。

要正确认识自己，不盲目追赶潮流，注意得体和谐，做到装扮适宜，举止大方，态度亲切，秀外慧中，个性鲜明。

2、仪容——淡妆浓抹要相宜。

仪容即容貌，由发式、面容以及人体所有未被服饰遮掩的肌肤所构成，是个人仪表的基本要素。保持清洁是最基本、最简单、最普通的美容。

男士要注意细部的整洁，如眼部、鼻腔、口腔、胡须、指甲等。要知道，有时"细节"也能决定一切。

风华正茂的学生，天生丽质，一般不必化妆。职业女性，尤其是社交场合的女士，通常要化妆。在某些场合，适当的美容化妆则是一种礼貌，也是自尊、尊人的体现。

化妆的浓淡要根据不同的时间和场合来选择。在平时，以化淡妆为宜，注重自然和谐，不宜浓妆艳抹、香气逼人；参加晚会、舞会等社交活动时，则应适当浓妆。

3、美发——并非时尚就是好。

发型是仪容的极为重要部分。头发整洁、发型得体是美发的基本要求。整洁得体大方的发式易给人留下神清气爽的美感，而蓬头垢面难免使人联想起乞丐。

选中文档的标题行，选择【开始】→【样式】组【标题3】选项，就会得到如下图所示的结果。

1、仪表——第一印象的关键

仪表，也就是人的外表形象，包括仪容、服饰、姿态和风度，是一个人教养、性格内涵的外在表现。

讲究个人卫生、保持衣着整洁是仪表美的最基本要求。在日常生活中，只要有条件，就必须勤梳洗、讲卫生，尤其在社交场合务必穿戴整齐，精神振作。

要正确认识自己，不盲目追赶潮流，注意得体和谐，做到装扮适宜，举止大方，态度亲切，秀外慧中，个性鲜明。

2、仪容——淡妆浓抹要相宜。

仪容即容貌，由发式、面容以及人体所有未被服饰遮掩的肌肤所构成，是个人仪表的基本要素。保持清洁是最基本、最简单、最普通的美容。

男士要注意细部的整洁，如眼部、鼻腔、口腔、胡须、指甲等。要知道，有时"细节"也能决定一切。

风华正茂的学生，天生丽质，一般不必化妆。职业女性，尤其是社交场合的女士，通常要化妆。在某些场合，适当的美容化妆则是一种礼貌，也是自尊、尊人的体现。

化妆的浓淡要根据不同的时间和场合来选择。在平时，以化淡妆为宜，注重自然和谐，不宜浓妆艳抹、香气逼人；参加晚会、舞会等社交活动时，则应适当浓妆。

3、美发——并非时尚就是好。

发型是仪容的极为重要部分。头发整洁、发型得体是美发的基本要求。整洁得体大方的发式易给人留下神清气爽的美感，而蓬头垢面难免使人联想起乞丐。

此时你可能觉得，系统给的样式不符合自己的审美标准，那也简单，来修改它的格式吧。

选择【开始】选项卡【样式】组中的【标题3】选项并右击，在弹出的快捷菜单中选择【修改】选项。

1. 选择

2. 选择

可以看到【标题3】格式的基本信息。

字体: (中文) +中文标题 (等线 Light)，字体颜色: 着色 1，段落间距
段前: 2 磅
段后: 0 磅，与下段同页，段中不分页，3 级，样式: 链接，使用前隐藏，在样式库中显示，优先级: 10

此时，按照需求，设置基本格式，设置完成后单击【确定】按钮。

字体: (中文) 华文行楷，四号，加粗，字体颜色: 文字 1，段落间距
段前: 2 磅
段后: 0 磅，与下段同页，段中不分页，3 级，样式: 链接，使用前隐藏，在样式库中显示，优先级: 10

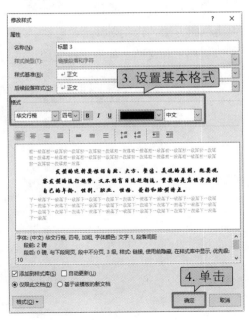

3. 设置基本格式

4. 单击

> **提示:**
>
> 　　如果样式和格式混用，修改样式之后，另外添加的格式不会随之发生改变，造成修改不便。

　　效果如下图所示。

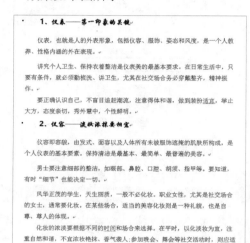

> **提示:**
>
> 　　如果使用了格式，需要一个个进行修改。此时，样式的快捷性得到充分体现。

4.3.5　在文档间复制样式

　　一篇文章的样式你很满意，下一篇文章还想使用这个样式，还要重新调整吗？其实有一种很简单的方法。让我来教给你吧。

　　以文档1和文档2为例，在文档1中创建样式【示例】，如下图所示。

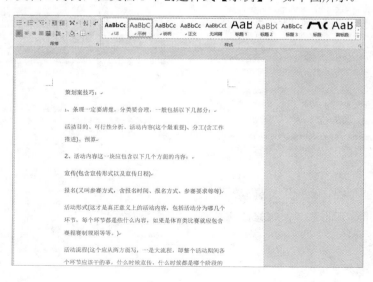

文档 2 中无样式【示例】，如下图所示。

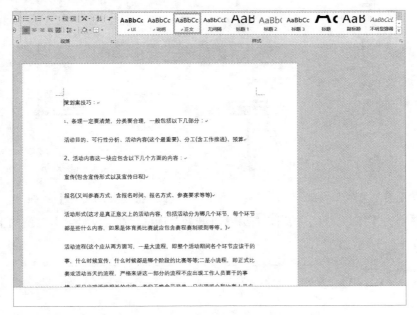

在【开始】选项卡【样式】组中单击按钮 ⌐，在弹出的窗口中打开【管理样式】对话框，单击左下角的【导入 / 导出】按钮。

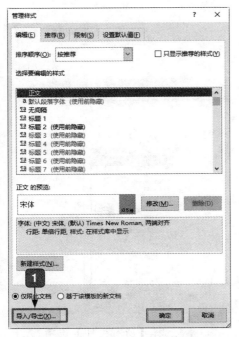

1 单击【导入 / 导出】按钮。

打开【管理器】对话框，单击左右两侧的【关闭文件】按钮。

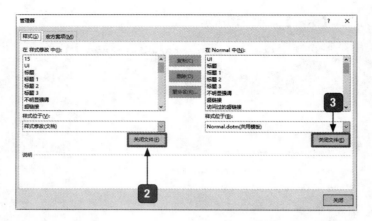

2 单击【关闭文件】按钮。　　　　　　　　3 单击【关闭文件】按钮。

单击左侧的【打开文件】按钮，打开【打开】对话框，在【文件名】右侧的下拉列表中选择【所有文件】选项。

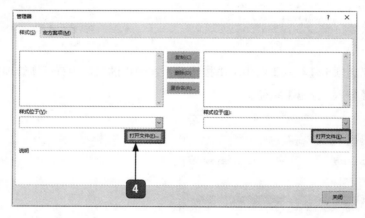

4 单击【打开文件】按钮。　　　　　　　　5 选择【所有文件】选项。

选择【文档 1】选项，单击【打开】按钮。

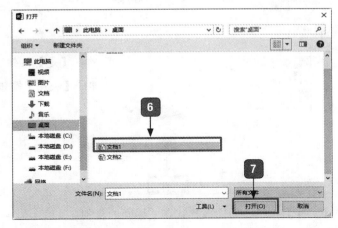

6 选择【文档 1】选项。

7 单击【打开】按钮。

同理，使用相同的方法，单击【管理器】对话框中右侧的【打开文件】按钮，在【打开】对话框中添加【文档 2】。

源文件和目标文件添加完成后，找到【文档 1】中想要应用到【文档 2】中的样式【示例】（按【Ctrl】键可以多选），单击【复制】按钮。

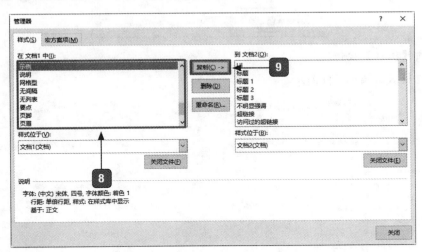

8 选择想要复制的样式。   9 单击【复制】按钮。

然后在弹出的对话框中单击【是】按钮。复制完成后，单击【关闭】按钮。

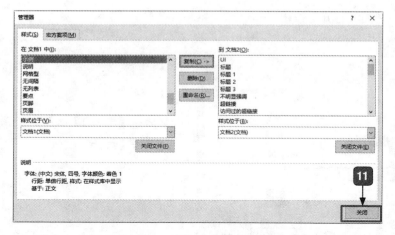

⑩ 单击【是】按钮。

⑪ 单击【关闭】按钮。

弹出一个提示对话框，单击【保存】按钮，即完成样式在文档间的复制。

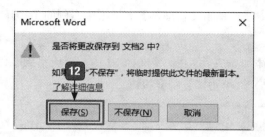

⑫ 单击【保存】按钮。

文档 2 样式效果如下图所示。

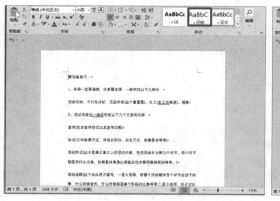
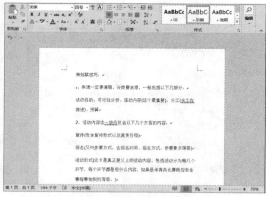

4.3.6 删除文档中的样式

打开 Word 2016，选中所要删除样式的文字。单击【开始】选项卡【样式】组中的按钮 ⯆。

1 单击按钮 ▽ 。

2 选择【清除格式】选项。

效果如下图所示。

4.4 使用模板

小白：我们要做个报告，自己排版好难哦！

大神：Word 文档中可是有特定的好多种模板哦。

小白：真的吗？快教教我吧，我可不想加班了。

大神：哈哈，好！

4.4.1 使用 Word 模板

Word 模板是指 Word 软件中内置的包含固定格式设置和版式设置的模板文件，用于帮助用户快速生成特定类型的 Word 文档。

选择【文件】→【新建】选项，出现各种模板，用户可根据需要进行选择。

例如，打开报告模板。选择报告模板并进行创建，并根据需要按要求添加内容。

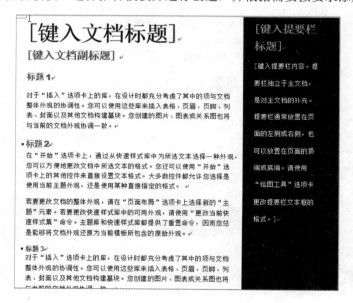

4.4.2 从网站上下载 Word 模板

有时 Word 中自带的模板并不能满足我们的需要，这时需要在网上进行下载。

打开【新建】面板，通过搜索框搜索需要的模板。

新建

在此处输入需要的模板类型进行搜索

搜索联机模板

建议的搜索：设计方案集 业务 个人 卡 纸张 活动 日历

> **提示：**
> 如果需要的模板在【建议的搜索】中存在，可以直接选择。

下面以搜索日历模板为例进行介绍。会搜索出许多模板，如果还是没有合适的可在分类栏中进行选择。

1 搜索日历模板。

2 挑选搜索到的联机日历模板。

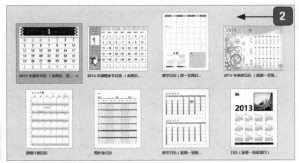

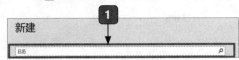

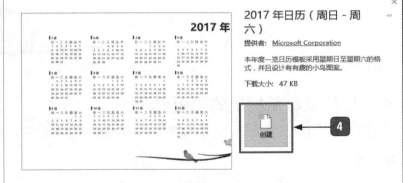

3 在分类栏中进行选择。

4 选中需要的模板，单击【创建】按钮。

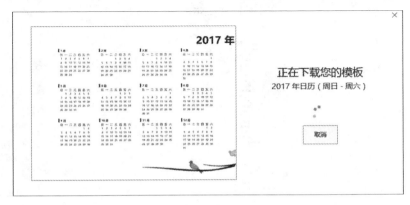

插入模板后，效果如下图所示。

4.4.3 使用素材所提供的模板资源

下面列举了一部分模板资源，供大家参考，可根据前言提供的下载地址进行下载。

1. 简历模板

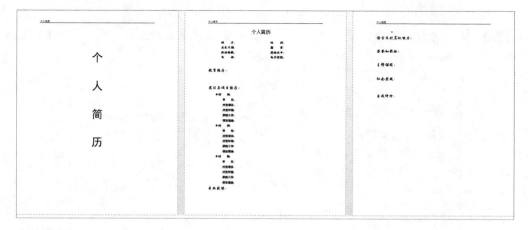

2. 合同模板

采购合同

合同编号：
日　　期：

供　方：　　　　　　　　　　　　　需方：
联系人：　　　　　　　　　　　　　地址：
电　话：　　　　　　　　　　　　　电话：
传　真：　　　　　　　　　　　　　传真：

经双方协商，我公司向贵公司订购下列货物，并按下列条款签订本合同

1：订购货物　　　　　　　　　　　　　　　　　　　币别：

序号	材料编码	材料名称	规格型号	单位	数量	单价	金额	交期

合计：	
备注：	
付款方式：	
交货地点：	
总金融：	

2：质量检验及要求：按双方确认的规格书标准或样品进行如下检验：

1）我司以 **AQL**（0.25/0.65/2.5）为标准抽检，经测试不符合检验标准和技术参数的材料，供方需在接到退货通知起 24 小时内及时调换；

2）需方收货后三个月内，若材料在正常使用中，经过通电老化发生失效，供方应在一周内及时调换，由此给需方造成的损失，供方需赔偿需方的实际损失；

3）随货物提供本批次的检测报告和其它相关信息；

3：原材料：若供方隐瞒原材料缺陷或使用假冒劣质原材料而影响产品质量时，需方有权要求重做、返工、减价或退货，相关损失由供方赔偿；

4：供应商开送货单须注明我司订单号及材料信息（编码、规格型号、数量等），在货物包装上亦需注明此信息；

5：供应商需在规定日期内交货，若不能按时交货，所造成的后果由供方承担；

6：供方接此订单，须在半个工作日内确认并签字盖章回复，过期视为默认；

7：供方需提供有效增值税发票；17%□ 3%□ 普通发票□（以供方可提供税率勾选）；

8：本合同双方签字盖章后生效（传真有效），凡因执行本合同所发生的一切争端，双方友好协商解决。经协商无法解决，按"中华人民共和国合同法"办理；

供方签字：　　　　　　　　　　　　需方签字：

审　　批：　　　　　　　　　　　　审　　批：

试用合同书

甲方：
乙方：　　　　　　（身份证号：　）

根据国家和本地劳动管理规定和本公司员工聘用办法，按照甲方关于公司新进各类人员均需试用的精神，双方在平等、自愿的基础上，经协商一致同意签订本试用合同。
一、试用合同期限：
　　自 年 月 日至 年 月 日止，有效期为 个月。
二、试用岗位根据甲方的工作安排，聘请乙方在 工作岗位。
三、试用岗位根据双方事先之约定，甲方聘用乙方的月薪为 元，该项报酬包括所有补贴在内。
四、甲方的基本权利与义务：
1. 甲方的权利：
　● 有权要求乙方遵守国家法律和公司各项规章制度；
　● 有权对乙方违法乱纪和违反公司规定的行为进行处罚；
　● 对试用员工不能胜任工作或不符合录用条件，有权提前解除本合同。
2.甲方的义务：
　● 为乙方创造良好的工作环境和条件；
　● 按本合同支付给乙方薪金；
　● 对试用期乙方因工伤亡，由甲方负担赔偿。
五、乙方的基本权利和义务：
1. 乙方的权利：
　● 享有国家法律法规赋予的一切公民权利；
　● 享有当地政府规定的就业保障的权利；
　● 享有公司规章制度规定可以享有的福利待遇的权利；
　● 对试用状况不满意，请求辞职的权利。
2. 乙方的义务：
　● 遵守国家法律法规、当地政府规定的公民义务；
　● 遵守公司各项规章制度、员工手册、行为规范的义务；
　● 维护公司的声誉、利益的义务。
六、甲方的其他权利、义务：
　● 试用期满，经以现乙方不符合录用条件，甲方有权不再签订正式劳动合同；
　● 对员工有突出表现，甲方可提前结束试用，与乙方签订正式劳动合同；
　● 试用期乙方的医疗费用由甲方承担 %（90%），乙方承担（10%）；
　● 试用期甲方一般不为乙方办理各项保险手续，如乙方被正式录用，可补办有关险种，从试用期起算；
　● 试用期，乙方请长病假10天、事假团党委计超过7天者，试用合同自行解除。
七、乙方的其他权利、义务：
　● 试用期满，有权决定是否签订正式劳动合同；
　● 乙方有突出表现，可以要求甲方奖励；
　● 具有参与公司民主管理、提出合理化建议的权利；
　● 反对和投诉对乙方试用身份不公平的歧视。
八、一般情况下，试用期间乙方岗位不得变更。若需变更，须事先征求乙方的同意。
九、本合同如有未尽事宜，双方本着友好协商原处理。
十、本合同一式两份，甲、乙双方各执一份，具同等效力，经甲乙双方签章生效。
甲方：　　　　　　　乙方：

法定代表人：　　　　　　　签字：

签约日期：年 月 日

签约地点：

3. 报告模板

[公司名称] 有限公司
[年份] 年年度会计报告

1.年度业绩摘要
[公司名称] 有限公司董事局谨让业经[某会计事务所名称] 审计之本集团[年份] 年度(自[日期] 至[日期] 止)经营业绩报告如下：

单位:人民币 元

项目	[年份] 年	[年份] 年
[项目内容]	[资金]	[资金]
[项目内容]	[资金]	[资金]
[项目内容]	[资金]	[资金]
[项目内容]	[资金]	[资金]

附注：
(1)[附注内容]
(2)[附注内容 可由用户自己调整]

2.年度盈利
根据本集团公司章程的规定,为充分兼及股东权益和支持公司发展,本集团董事局建议对[年份] 年度税后利润及[日期] 份滚存之税后利润人民币[资金] 元,共计人民币[资金] 元作出利润分配及分红派息如下：

(1)税后利润分配比例金额
公益金　[百分比] %　计　人民币[资金] 元
公积金　[百分比] %　计　人民币[资金] 元
分红基金　[百分比] %　计　人民币[资金] 元

(2)分红派息方案
① [方案内容]
② [方案内容 用户可自己调整]
3.业务回顾
[键入内容]
4.主要股东变动情况
[变动内容]
5.董要事项
(1)[事项内容]
(2)[事项内容]
(3)[项目内容 用户可自己调整]
6.溢利预测说明
(1)[预测内容]
(2)[预测内容 用户可自己调整]
7.展望
[键入内容]

借此机会,本集团董事局对全体员工一年来之辛勤工作及全体股东和政府、社会各界的信赖与支持、深表谢忱。

[公司名称] 董事局
[日期]

[某律师事务所]

特审授字[年份])市[批号] 号

99

4. 新员工培训计划表模板

编号								
受训人员	姓名					辅导员	姓名	
	学历		培训时间				部门	
	专长						职称	
项次	培训期间	培训天数	培训项目	培训部门	培训员	培训日程及内容		
1								
2								
3								
4								
5								
6								

新员工培训计划表

经理　　　　审核　　　　拟定

4.5 实战案例——编排材料管理制度

材料管理制度是保证工作能够高效有序进行而制定的一系列措施。本节通过设置文本格式、页眉页脚等操作来进行材料管理制度的制作。

（1）设置页面背景颜色

新建一个 Word 文档，更名为"材料管理制度"，将其打开。单击【设计】选项卡【页面背景】组中的【页面颜色】下拉按钮。

在其下拉列表中选择一种背景颜色，这里选择【白色，背景 1】，即可为文档设置背景色。

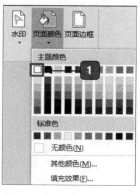

1 选择该颜色。

（2）撰写内容并设计版式

设置完背景色，可以撰写材料管理制度的内容并对版式进行设计。

将"素材 \ch04\ 材料管理制度 .docx"内容复制其中。

材料管理制度

一、　材料验收入库

1．对入库材料的品种、规格、型号、质量、数量、包装等认真验收核对。按照采购不同和有关标准严格验收，做到准确无误。

2．入库材料验收应及时准确，不能拖拉，尽快验收完毕。如有问题及时提出验收记录，向主管采购人员反映，以便得到解决。

选择标题文字，设置标题字体为等线，字号为三号，加粗并居中显示。设置文本内容的字体为宋体，字号为小四。设置段落格式为首行缩进 2 字符。

材料管理制度

一、材料验收入库

1．对入库材料的品种、规格、型号、质量、数量、包装等认真验收核对。按照采购不同和有关标准严格验收，做到准确无误。

2．入库材料验收应及时准确，不能拖拉，尽快验收完毕。如有问题及时提出验收记录，向主管采购人员反映，以便得到解决。

3．材料验收合格后，应及时办理入库验收单，同时核对发票、运单、明细表、装箱单及产品合格证，核对无误后入库签字，并及时登账。

二、材料出库

1．材料出库应本着先进先出的原则，及时审核发料单上的内容是否符合要求，核对库存材料是否准确，做好材料储备工作。

2．准确按发料单的品种、规格、数量进行备料、复查、以免发生差错，做到账实相符。

3．按照材料保存期限，对于快要过期失效或变质的材料应在规定期限内发放，对能回收利用的材料尽可能利用，剩余材料及时回收利用，非正常手续不得出库。

选择除标题外的其余内容，单击【布局】选项卡【页面设置】组中的【分栏】下拉按钮。在弹出的下拉列表中选择【更多分栏】选项，弹出【分栏】对话框，在【预设】栏中选择【两栏】选项，选中【分隔线】复选框，单击【确定】按钮，此时文档即以双栏显示。

2 选择【两栏】选项。

3 选中【分隔线】复选框。

4 单击【确定】按钮。

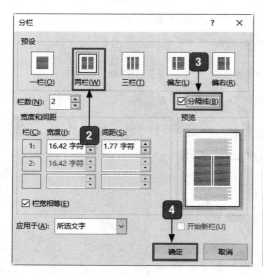

材料管理制度

一、 材料验收入库

1. 对入库材料的品种、规格、型号、质量、数量、包装等认真验收核对。按照采购不同和有关标准严格验收，做到准确无误。

2. 入库材料验收应及时准确，不能拖拉，尽快验收完毕。如有问题及时提出验收记录，向主管采购人员反映，以便得到解决。

3. 材料验收合格后，应及时办理入库验收单，同时核对发票、运单、明细表、装箱单及产品合格证，核对无误后入库签字，并及时登帐。

二、 材料出库

1. 材料出库应本着先进先出的原则，及时审核发料单上的内容是否符合要求，核对库存材料是否准确，做好材料储备工作。

2. 准确按发料单的品种、规格、数量进行备料、复查，以免发生差错，做到账实相符。

3. 按照材料保存期限，对于快要过期失效或变质的材料应在规定期限内发放，对能回收利用的材料尽可能利用，剩余材料及时回收利用，非正常手续不得出库。

三、 材料保管保养

1. 根据库存材料的性能和特点进行合理储存和保管。做到保质、保量、保安全。

2. 合理码放。对不同的品种、规格、质量、等级的材料都分开，按先后顺序码放，以便先进先出。

3. 材料码放要整齐，怕潮湿物品要上盖下垫，注意防火、防潮、防混，易燃材料要单独存放，所有材料要明码标识，搞好库区环境卫生，经常保持清洁。

4. 对于温、湿度要求高的材料，做好温度、湿度的调节控制工作，高温季节要防暑降温，梅雨季节要防潮、防霉，寒冷季节要防冻保温。

5. 要经常检查、随时掌握和发现材料的变质情况，并积极采取补救措施。

6. 对机械设备、配件定期进行涂油或密封处理，避免因油脂干脱造成性能受到影响。

四、 定期盘库，达到三清

1. 定期盘库清点，达到数量清、质量清、帐表清。

2. 清理半成品、在产品和产成品，做好半成品的再利用。

（3）设置页眉页脚

单击【插入】选项卡【页眉和页脚】组中的【页眉】按钮，在弹出的下拉列表中选择【空白】选项。

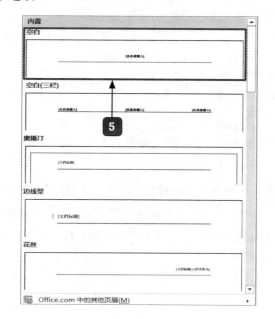

5 选择该选项。

在页眉中输入内容，在此处输入"××公司材料管理制度"。设置字体为宋体，字号为小五。

6 输入页眉内容。

使用同样的方法插入页脚，输入内容为"××公司"，设置字体为宋体，字号为小五。单击【开始】选项卡【段落】组中的【右对齐】按钮。

7 输入页脚内容。

双击文档任意处，关闭页眉页脚编辑状态。材料管理制度制作完毕。

提示：

如果需要，可以单击【插入】选项卡【插图】组中的【SmartArt】按钮，插入SmartArt图形。

痛点解析

痛点1：如何快速使用样式

小白： 哈哈，终于掌握样式了。可编辑文档时需要频繁地使用样式，重复单击操作图标，好累啊！

大神： 可以为样式设置快捷键啊！让你的排版速度更快！

在【开始】选项卡【样式】组中选择需要设置快捷键的样式，右击，在弹出的快捷菜单中选择【修改】命令。

在弹出的【修改样式】对话框中单击左下方的【格式】按钮，在弹出的列表中选择【快捷键】选项。

弹出【自定义键盘】对话框，在【请按新快捷键】文本框中输入所要应用的快捷键。然后单击【指定】按钮和【关闭】按钮，即完成快捷键设置。

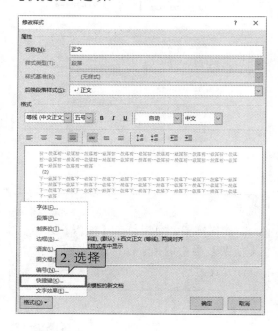

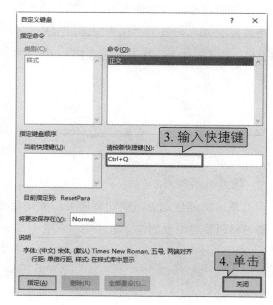

痛点 2：如何通过样式快速选择多处文本

如果一篇文章中应用了很多样式，想把相同样式的段落挑选出来该怎么办呢？

在【开始】选项卡【样式】组中右击要选择的段落样式，在弹出的快捷菜单中选择【选择所有 × 个实例】命令即可。

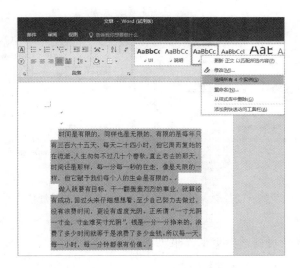

![大神支招]

问：能否将多级列表与自定义的样式关联起来，为特定的标题设置多级列表？

在排版长文档的过程中，经常会使用到多级列表和自定义样式，单独设置多级列表和样式，容易导致文档混乱，这时可以先自定义样式，然后再添加多级列表，将多级列表和自定义样式关联起来，既节约时间，又不会出错。

1. 自定义样式

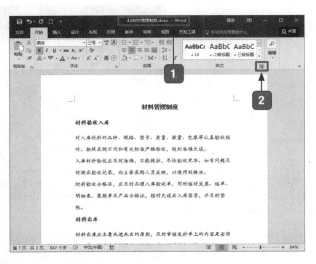

▌1 打开"材料管理制度.docx"文档。

▌2 单击【开始】选项卡【样式】组中的【样式】按钮。

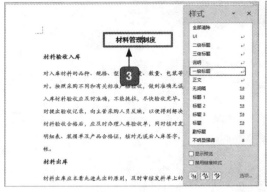

3 选择"材料管理制度"文本，根据需要为其设置【一级标题】样式。

4 选择"材料验收入库""材料出库"等文本，设置【二级标题】样式。

5 选择其他文本，根据需要为其设置【三级标题】样式。

2. 将多级列表与自定义样式关联

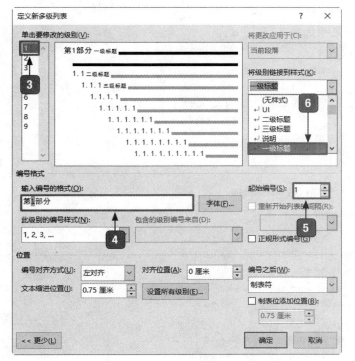

1 将光标定位至"材料管理制度"文本内。

2 选择【开始】→【段落】→【多级列表】→【定义新的多级列表】选项。

3 在【单击要修改的级别】列表中选择【1】。

4 设置【输入编号的格式】为【第 1 部分】。

5 设置【起始编号】为【1】。

6 单击【将级别链接到样式】的下拉按钮，选择自定义的【一级标题】样式。

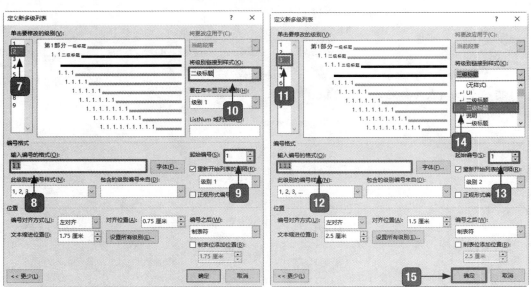

7 在【单击要修改的级别】列表中选择【2】。

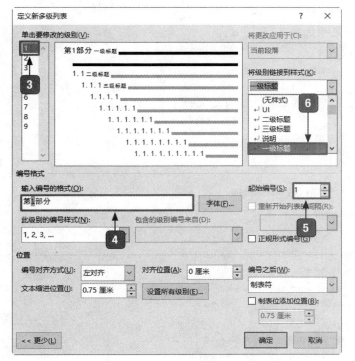

8 输入编号的格式为【1.1】。

9 设置【起始编号】为【1】。

10 单击【将级别链接到样式】的下拉按钮，选择自定义的【二级标题】样式。

11 在【单击要修改的级别】列表中选择【3】。

12 输入编号的格式为【1.1.1】。

13 设置【起始编号】为【1】。

14 单击【将级别链接到样式】的下拉按钮，选择自定义的【三级标题】样式。

15 单击【确定】按钮。

16 将多级列表与自定义样式关联后的效果。

第5章

学会使用表格——制作个人简历

>>> 你知道怎么在 Word 中做一个求职表吗？

>>> 你知道 Word 也能处理财务报表吗？

>>> 你知道 Word 中的表格不仅能做得非常漂亮，而且还能做相应的计算吗？

这一章就来告诉你 Word 中表格的神奇吧。

5.1 创建表格

小白：Word 中的表格是怎么来的呢？

大神：有插入的 Excel 表格，还有在 Word 中创建的！

小白：Word 中创建表格容易吗？

大神：跟着我做吧，挺容易的！

5.1.1 创建行列较多的表格

Word 中创建表格其实非常简单，来看看吧。

1 选择【插入】选项卡。

2 单击【表格】下拉按钮。

3 选择【插入表格】选项。

4 设置【列数】为【6】。

5 设置【行数】为【5】。

6 单击【确定】按钮。

7 插入的 5 行 6 列表格效果。

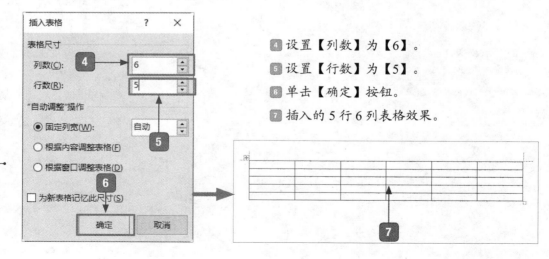

5.1.2 手动绘制表格

小白：大神，插入表格时，想自己控制表格的大小，有没有便捷方法？

大神：当然有！使用手动绘制表格就行！

小白：手动绘制？速度会不会很慢啊？

大神：相比使用命令创建表格，手动绘制刚开始速度会慢一些，但手动绘制表格可是有很多优势的。来看看吧。

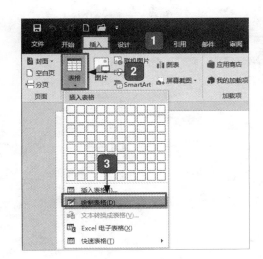

1 选择【插入】选项卡。

2 单击【表格】按钮。

3 选择【绘制表格】选项。

4 鼠标指针变为铅笔形状时，按下鼠标左键并拖曳鼠标绘制出表格的外矩形边界。

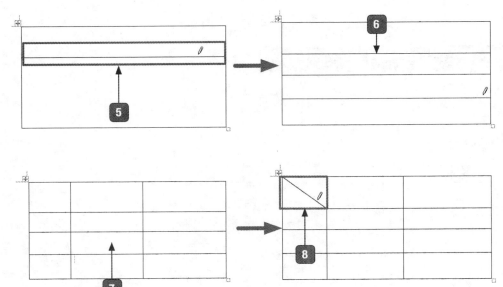

5 在矩形边框内部从右至左拖曳鼠标绘制行。

6 使用同样的方法绘制其他行。

7 由上至下拖曳鼠标绘制列。

8 选择单元格，从左上角至右下角拖曳鼠标可绘制斜线表头。

使用橡皮擦工具可擦除多余的线条。

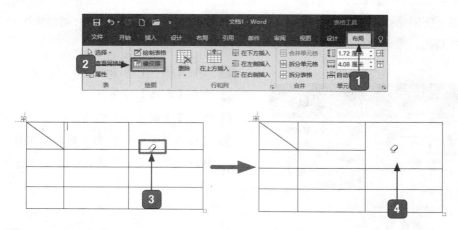

1 选择【布局】选项卡。

2 单击【橡皮擦】按钮。

3 鼠标指针显示为橡皮擦形状。

4 在要擦除的线条上单击，即可擦除多余线条。

5.1.3 一键创建表格

其实，如果表格没有特殊要求，还可以一键创建表格呢。

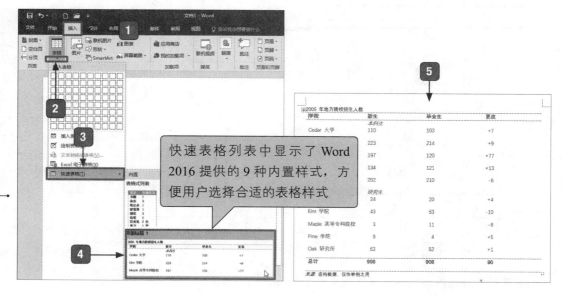

快速表格列表中显示了 Word 2016 提供的 9 种内置样式，方便用户选择合适的表格样式

1 选择【插入】选项卡。

2 单击【表格】下拉按钮。

3 选择【快速表格】选项。

4 选择【带副标题 1】样式。

5 即可一键创建出漂亮的表格，根据需要修改表格内容即可。

5.1.4 快速插入表格

这里还有一个创建表格的方法，直接用鼠标"框"就可以啦。

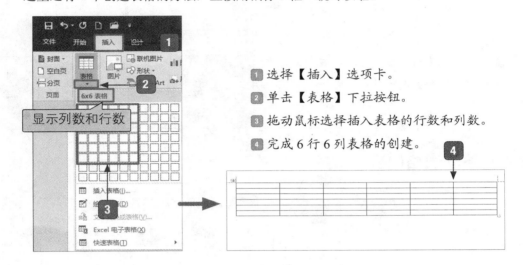

1 选择【插入】选项卡。

2 单击【表格】下拉按钮。

3 拖动鼠标选择插入表格的行数和列数。

4 完成 6 行 6 列表格的创建。

5.2 输入表格文本

创建完表格，接下来就该输入文本了，下面我们来看看输入文本的技巧。

5.2.1 输入文本内容

单击单元格，看到光标闪烁，输入文本。

个人简历				
姓名	王 XX	性别	男	

5.2.2 复制表格内容

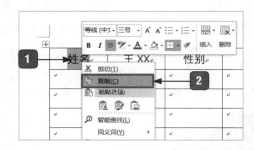

1 选中单元格内所需内容后，右击。

2 选择【复制】选项。

> **提示：**
> 　　还可以选中文本后按【Ctrl+C】组合键，快速复制。

5.2.3 移动表格内容

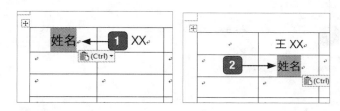

1 选中需要移动的内容。

2 在选中的内容上按下鼠标左键，拖动至目标单元格后松开鼠标。

5.3 表格的基本操作

小白：Word 中能像 Excel 对表格进行操作吗？

大神：当然可以，不过没有 Excel 功能全，只有一些基本操作。

5.3.1 插入行与列

1. 通过功能区插入行与列

　　通过功能区插入行和列是最常用的方法，功能区中显示了多种命令按钮，选择选项卡后单击命令按钮就可以快速执行命令，适合需要在多处插入行或列时使用。此外，功能区还包含其他命令按钮，便于用户修改表格。

产品类型	折扣力度
冰箱	0.76
电视	0.73
洗衣机	0.82
空调	0.94
热水器	0.9
整体橱柜	0.86
小家电	0.6

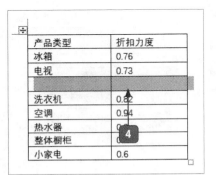

产品类型	折扣力度
冰箱	0.76
电视	0.73
洗衣机	0.82
空调	0.94
热水器	0.9
整体橱柜	0.86
小家电	0.6

1 打开"素材 \ch05\ 产品类型 .docx"文件，将鼠标光标定位至要插入行位置所在单元格。

2 选择【布局】选项卡。

3 单击【在上方插入】按钮。

4 即可在所选单元格上方插入行。

提示:
在上方插入：在选中单元格所在行的上方插入一行表格。
在下方插入：在选中单元格所在行的下方插入一行表格。
在左侧插入：在选中单元格所在列的左侧插入一列表格。
在右侧插入：在选中单元格所在列的右侧插入一列表格。

2. 使用按钮⊕

使用按钮⊕插入行和列是最快捷的方法，只需要将鼠标指针放在插入行（列）位置最左侧（最上方），就会显示按钮⊕，单击该按钮即可。

产品类型		折扣力度
冰箱		0.76
电视		0.73
洗衣机		0.82
空调		0.94
热水器		0.9
整体橱柜		0.86
小家电		0.6

产品类型		折扣力度
冰箱		0.76
电视		0.73
洗衣机		0.82
空调		0.94
热水器		0.9
整体橱柜		0.86
小家电		0.6

1 将鼠标指针放在两行之间，单击显示的按钮⊕。

2 即可快速在两行之间插入新行。

5.3.2 删除行与列

有时因为创建表格失误或者计划改变，需要删除表格的部分行或列，那如何删除呢？

1. 删除列

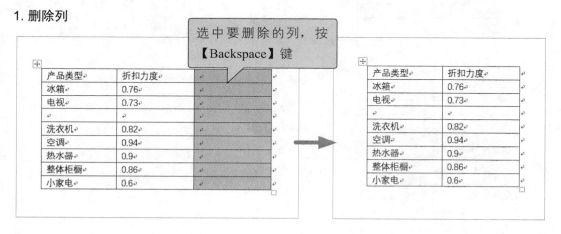

2. 删除行

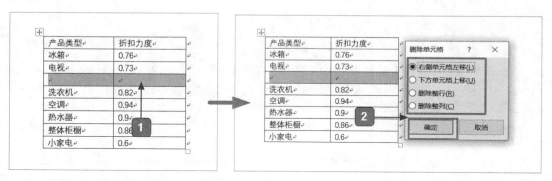

1 选中要删除的行，按【Backspace】键。

2 根据提示，选择所需选项，单击【确定】按钮。

5.3.3 合并单元格

1. 通过功能区合并单元格

通过功能区合并单元格是最常用的方法，不仅能快速完成合并单元格的操作，还可以方便选择其他表格编辑命令。

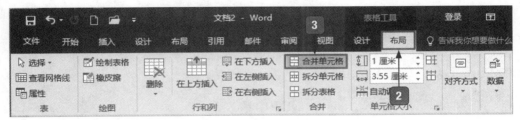

1 选择要合并的单元格区域。

2 选择【布局】选项卡。

3 单击【合并单元格】按钮。

4 完成单元格合并。

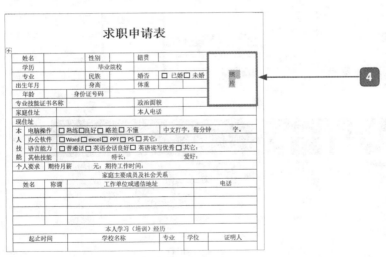

2. 使用快捷菜单合并单元格

使用快捷菜单合并单元格是最快捷的方法，只需要选择单元格区域并右击，在弹出的快捷菜单中选择【合并单元格】命令即可。

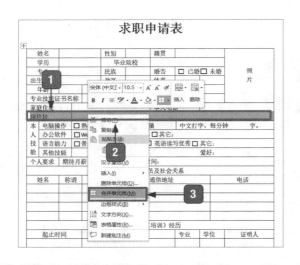

1 选择要合并的单元格区域。

2 右击。

3 选择【合并单元格】命令。

5.3.4 拆分单元格

小白：一个单元格可以拆成两个吗？

大神：当然可以，使用拆分单元格！

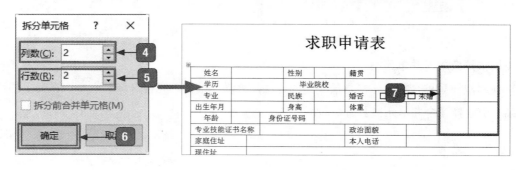

1 将光标定位在要拆分的单元格内。　　　5 设置拆分的行数。

2 选择【布局】选项卡。　　　　　　　　6 单击【确定】按钮。

3 单击【拆分单元格】按钮。　　　　　　7 拆分为两行两列的效果。

4 设置拆分的列数。

5.3.5 调整行高和列宽

小白：大神，表格中内容多少不同，怎样才能使表格看起来更漂亮些？

大神：手动调整表格的行高或列宽就行了。

小白：这样表格的宽和高不统一，表格看起来会不会不好看？

大神：怕不好看，跟着我做啊！

1. 最常用的方法——手动调整

产品类型	折扣力度
冰箱	0.76
电视	0.73
洗衣机	0.82
空调	0.94
热水器	0.9
整体橱柜	0.86
小家电	0.6

产品类型	折扣力度
冰箱	0.76
电视	0.73
洗衣机	0.82
空调	0.94
热水器	0.9
整体橱柜	0.86
小家电	0.6

产品类型	折扣力度
冰箱	0.76
电视	0.73
洗衣机	0.82
空调	0.94
热水器	0.9
整体橱柜	0.86
小家电	0.6

产品类型	折扣力度	
冰箱	0.76	
电视	0.73	
洗衣机	0.82	
空调	0.94	
热水器	0.9	
整体橱柜	0.86	
小家电	0.6	

1 将鼠标指针放置在行线上，指针变
　为 ↕ 形状。

2 按住鼠标左键向上或向下拖曳，即可
　调整行高。

3 增大行高后的效果。

4 将鼠标指针放置在列线上，指针变
　为 ↔ 形状，按住鼠标左键向左或向右
　拖曳，即可调整列宽。

2. 最精确的方法——通过行高值、列宽值调整

产品类型	折扣力度	
冰箱	0.76	
电视	0.73	
洗衣机	0.82	
空调	0.94	
热水器	0.9	
整体橱柜	0.86	
小家电	0.6	

产品类型	折扣力度	
冰箱	0.76	
电视	0.73	
洗衣机	0.82	
空调	0.94	
热水器	0.9	
整体橱柜	0.86	
小家电	0.6	

1 单击按钮 ⊞ 选中整个表格。

2 设置【表格行高】为【0.8厘米】。

3 设置【表格列宽】为【6厘米】。

4 精确调整后的效果。

3. 最智能的方法——自动调整

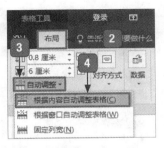

① 单击按钮⊞选中整个表格。

② 选择【布局】选项卡。

③ 单击【自动调整】下拉按钮。

④ 选择【根据内容自动调整表格】选项。

⑤ 调整后的效果。

5.4 设置表格样式

您是不是觉得黑白色的表格好单调？其实，使用样式可以让您的表格一秒变得"高大上"。

5.4.1 套用表格样式

小白：怎么使用表格样式啊？

大神：套用内置的表格样式就行！

① 单击按钮⊞选中整个表格。

② 选择【设计】选项卡。

③ 单击按钮。

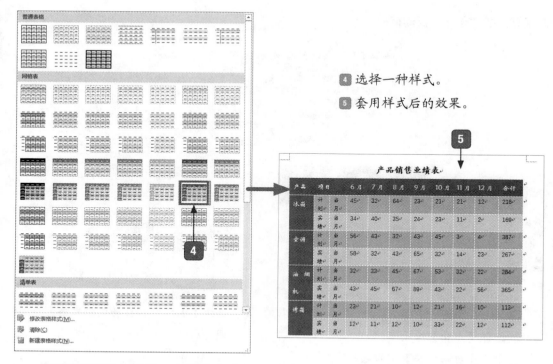

4 选择一种样式。

5 套用样式后的效果。

是不是很轻松？当然，套用样式后到底好不好看，就"仁者见仁智者见智"了。

5.4.2 设置对齐方式

小白：在一个大的单元格内，怎么让文字居中呢？

大神：设置对齐方式啊！

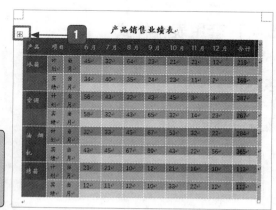

1 单击按钮田选中整个表格。

提示：
　　水平居中指的是左右方向和上下方向都居中。

② 选择【表格工具 / 布局】选
项卡。

③ 单击【水平居中】按钮。

④ 设置对齐方式后的效果。

5.5 处理表格数据

表格做到这里，你是不是在想，Word 表格能不能处理数据呢？回答是肯定的！

5.5.1 计算表格数据

小白：怎么把各个表格的数据加起来啊？

大神：使用内置函数，让计算机帮你算！

这是一个成绩表，利用 Word 来处理其中的数据。

科目	语文	数学	英语	物理	化学	生物	均分	总分	排名
A	98	100	85	86	87	88			
G	85	73	77	67	68	53			
E	86	74	88	74	77	86			
C	90	89	84	87	83	80			
D	88	85	83	76	85	89			
B	95	85	100	80	83	84			
F	84	60	87	70	80	74			

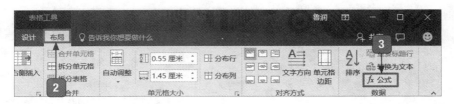

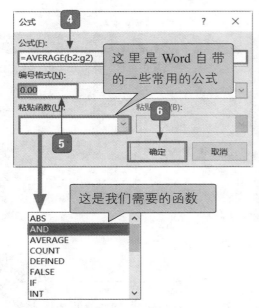

1 选择需要计算的单元格。

2 选择【表格工具 / 布局】选项卡。

3 单击【公式】按钮。

4 输入公式和参数。

5 设置编号格式。

6 单击【确定】按钮。

这是我们需要的函数

| ABS |
| AND |
| AVERAGE |
| COUNT |
| DEFINED |
| FALSE |
| IF |
| INT |

如此就得到了我们想要的数据，如下图所示。

科目	语文	数学	英语	物理	化学	生物	均分	总分	排名
A	98	100	85	86	87	88	90.67	544	
G	85	73	77	67	68	53	70.50	423	
E	86	74	88	74	77	86	80.83	485	
C	90	89	84	87	83	80	85.50	513	
D	88	85	83	76	85	89	84.33	506	
B	95	85	100	80	83	84	87.83	527	
F	84	60	87	70	80	74	75.83	455	

那么，问题来了，Word 都有哪些函数呢？那可就多了，下面介绍几种常用函数。

函数	含义
ABS	求出相应数字的绝对值
AND	逻辑"与"
AVERAGE	求平均值
COUNT	计算总个数
DEFINED	判断输入的公式是否可以计算。如果可以计算返回 1，否则返回 0
FALSE	逻辑假
IF	判断逻辑值
INT	保留整数部分
MAX	求最大值

函数	含义
MIN	求最小值
MOD	取余数
NOT	逻辑"非"
OR	逻辑"或"
PRODUCT	求乘积
ROUND	四舍五入取整
SIGN	标志
SUM	求和
TRUE	逻辑真

5.5.2 排序表格数据

小白：Word 能根据表格中的数据进行排序吗？

大神：能，很方便的！

刚刚我们得到了平均分和总分，接下来让我们使用排序来获得名次。

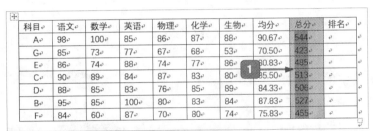

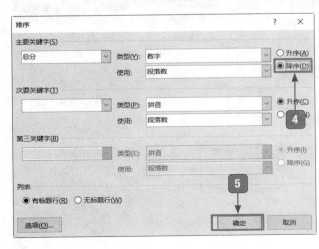

1️⃣ 选中总分这一列。

2️⃣ 选择【表格工具 / 布局】选项卡。

3️⃣ 单击【排序】按钮。

4️⃣ 选中【降序】单选按钮。

5️⃣ 单击【确定】按钮。

6️⃣ 排序完成后的效果。

科目	语文	数学	英语	物理	化学	生物	均分	总分	排名
A	98	100	85	86	87	88	90.67	544	
B	95	85	100	80	83	84	87.83	527	
C	90	89	84	87	83	80	85.50	513	
D	88	85	83	76	85	89	84.33	506	
E	86	74	88	74	77	86	80.83	485	
F	84	60	87	70	80	74	75.83	455	
G	85	73	77	67	68	53	70.50	423	

← 6

5.6 实战案例——制作个人简历

本节通过创建表格的方法制作一份个人简历，主要涉及设置文本的字体及字号样式、创建表格、合并单元格及调整行号等操作。

1. 设置标题

1 输入"个人简历"文本，并选择输入的内容。

2 设置【字体】为【方正楷体简体】。

3 设置【字号】为【20】。

4 单击【居中】按钮。

5 设置【段前】和【段后】均为1行。

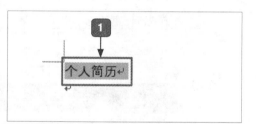

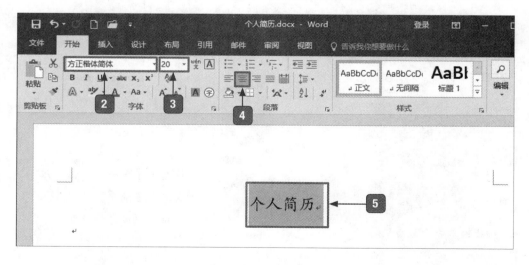

2. 插入表格

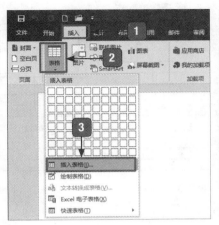
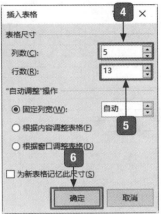

1 选择【插入】选项卡。

2 单击【表格】下拉按钮。

3 选择【插入表格】选项。

4 设置【列数】为【5】。

5 设置【行数】为【13】。

6 单击【确定】按钮。

7 插入表格。

3. 编辑表格

1 选择单元格区域。

2 选择【表格工具/布局】选项卡。

3 单击【合并单元格】按钮。

127

个人简历

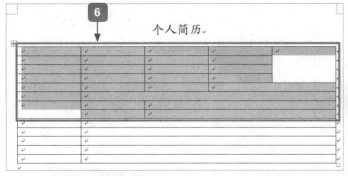

4

个人简历

5

4 完成单元格合并。

5 使用同样的方法合并其他单元格。

6

个人简历

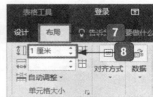

6 选择前 8 行。

7 选择【表格工具 / 布局】选项卡。

8 设置【表格行高】为【1 厘米】。

⑨ 设置行高后的效果。

⑩ 根据需要调整其他行的行高。

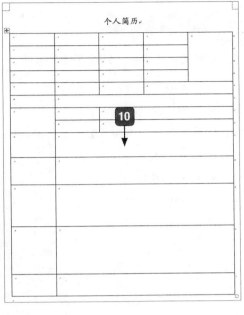

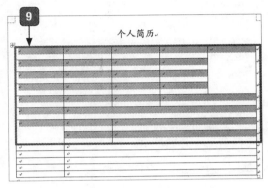

4. 输入并设置文本样式

在表格中输入相关内容并设置字体、字号及对齐方式。

姓名	王 XX	性别	男	照
民族	汉	出生年月	1991-8-12	片
学历	本科	专业	现代商务秘书	
政治面貌	党员	婚否	未婚	
籍贯	湖南	毕业院校	XX 大学 XX 学院	
计算机水平				
通讯方式	通讯地址			
	联系电话			
获得证书				
兴趣爱好				
工作经验 （应届毕业生 可填写社会实 践经历）				
个人评价				
离职原因				

> 在表格中输入相关内容并设置字体、字号及对齐方式

129

痛点解析

痛点 1：如何解决表格"跨页丢线"问题

小白：我的表格怎么分开了？都跑到下一页了！

大神：是不是表格内容太多了！

小白：嗯嗯，我把表格内容删一点就回到原来的样子了！

大神：这种情况在 Word 中称为"跨页丢线"。

小白：那怎么办呢？

大神：请看下面的操作。

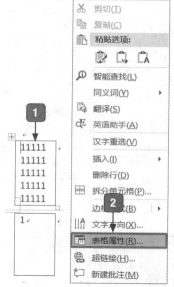
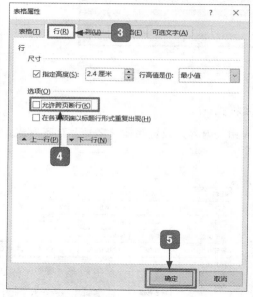
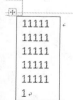

① 选中表格并右击。

② 在弹出的快捷菜单中选择【表格属性】选项。

③ 选择【行】选项卡。

④ 取消选中【允许跨页断行】复选框。

⑤ 单击【确定】按钮。

痛点 2：表格内的文字不能上下居中对齐

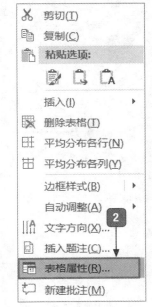

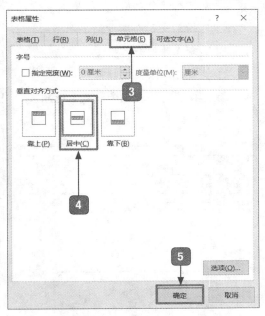

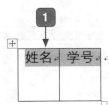

① 选中单元格内的文本并右击。

② 在弹出的快捷菜单中选择【表格属性】选项。

③ 选择【单元格】选项卡。

④ 选择【居中】选项。

⑤ 单击【确定】按钮。

痛点 3：有关表格行序号自动编号问题

小白：崩溃！要制作一个 200 行的表格，第一列要按照顺序编号，花费很多时间做好了，突然发现少了一行，后面的编号难不成要一个一个重新修改？

大神：这个问题嘛，其实第一列的编号甚至都不用输入，可以让表格自动生成，至于之后的修改，不管是插入还是删除行，都可以自动修改的。

小白：真有这么神奇吗？

大神：当然，让你见证下奇迹！

1 先插入一个表格，不需要太多行，
　选择第一列要编号的单元格。

2 选择【开始】选项卡。

3 单击【编号】下拉按钮。

4 选择【定义新编号格式】选项。

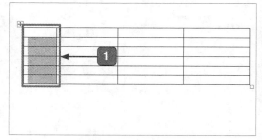

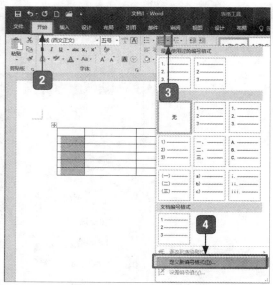

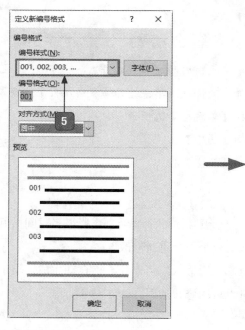

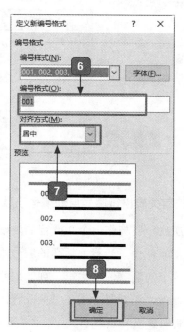

5 选择编号样式。

6 更改编号格式，这里删除最后的"."。

7 设置【对齐方式】为【居中】。

8 单击【确定】按钮。

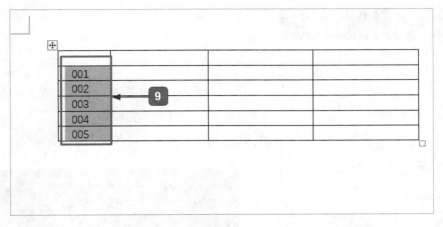

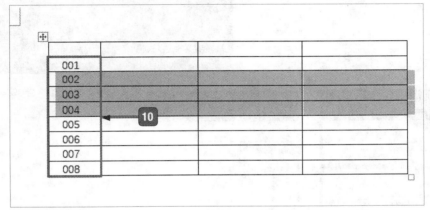

⑨ 编号已自动输入。

⑩ 插入或删除行时，编号将自动更新。

🎓 大神支招

问：互换名片后，如何快速记住别人的名字？

　　"名片全能王"是一款基于智能手机的名片识别软件，它能利用手机自带的相机进行拍摄名片图像，快速扫描并读取名片图像上的所有联系信息，如姓名、职位、电话、传真、公司地址、公司名称等，并自动存储到电话本与名片中心。这样，就可以在互换名片后，快速记住对方的名字。

1. 打开"名片全能王"主页面，点击【拍照】按钮。

2. 对准名片，点击【拍照】按钮。

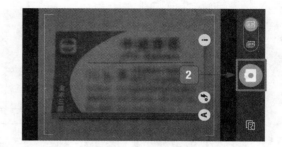

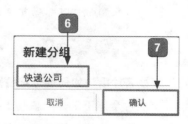

3. 显示识别信息，可以根据需要手动修改。

4. 点击【保存】按钮。

5. 点击【新建分组】按钮。

6. 选择【快递公司】选项。

7. 点击【确认】按钮。

06

CHAPTER

第6章

Word 图文混排——制作公司宣传彩页

>>> 看到别人文档里那些“稀奇古怪”的漂亮字体，是不是很羡慕呢？

>>> 为什么别人的文档里的图片那么漂亮而且还那么适景呢？

>>> 为什么别人的图片比原图还漂亮呢？

>>> 如何制作高端大气的公司宣传彩页？

带着这些问题，一起走进图文混排的世界吧。

6.1 使用艺术字

小白：大神呐，这个艺术字很是让我焦灼，我插入的艺术字总是被认为没特色。

大神：哈哈，那是你还不够了解它。你要使用它的话，肯定是有一定技巧的，可不是简简单单地把它放进文档中就行的，你得对它进行编辑，让它变得赏心悦目才行啊！如更改它的主题样式、背景颜色、字体样式等。

6.1.1 插入艺术字

将光标定位在要插入艺术字的位置，单击【插入】【文本】　　【艺术字】下拉按钮。

① 单击【艺术字】下拉按钮。

② 选择一种样式。

选中样式之后的效果如下图所示。

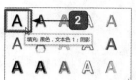

请在此放置您的文字

在文本框中输入"制作公司宣传彩页"字样，效果如下图所示。

制作公司宣传彩页

6.1.2 编辑艺术字

1. 更改艺术字的主题样式

选中艺术字。

制作公司宣传彩页

在打开的临时选项卡中单击【绘图工具 / 格式】→【形状样式】→按钮⊡。

单击按钮⊡。

选择一种主题样式。

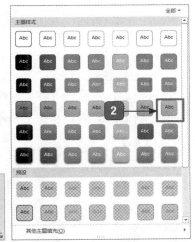

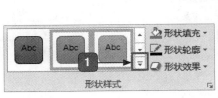

选择【细微效果 - 绿色，强调颜色 6】之后的效果如下图所示。

制作公司宣传彩页

2. 更改艺术字的文字样式

选中艺术字，在打开的临时选项卡中单击【绘图工具 / 格式】→【艺术字样式】→按钮⊡。

单击按钮⊡。

在弹出的下拉列表中选择任意一种样式。

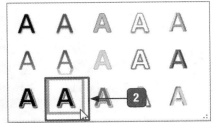

选择【填充：黑色，文本色 1；边框：白色，背景色 1；清晰阴影；蓝色，主题色 5】样式的效果如下图所示。

制作公司宣传彩页

3. 更改艺术字的形状效果

选中艺术字，在打开的临时选项卡中单击【绘图工具/格式】→【形状样式】→【形状效果】下拉按钮。

1 单击【形状效果】下拉按钮。

2 选择【映像】选项。

3 在【映像变体】组中任意选择一种样式。

效果如下图所示。

制作公司宣传彩页

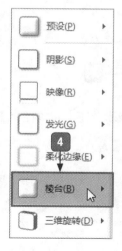

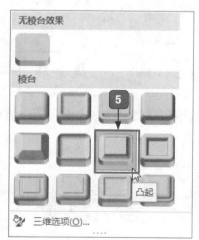

4 选择【棱台】选项。

5 选择【凸起】选项。

效果如下图所示。

4. 更改艺术字形状效果的三维旋转效果

选中艺术字，在打开的临时选项卡中单击【绘图工具/格式】→【形状样式】→【形状效果】按钮。

 单击【形状效果】按钮。

 选择【三维旋转】选项。

 选择【离轴 1：右】选项。

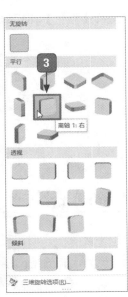

效果如下图所示。

5. 更改艺术字的文本填充效果

选中艺术字，在打开的临时选项卡中单击【绘图工具/格式】→【艺术字样式】→【文本填充】按钮。

① 单击【文本填充】按钮。

② 在【主题颜色】组中任选一
　种颜色。

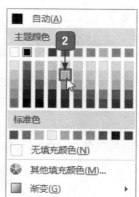

选择【红色】样式的效果如下图所示。

6.2　插入图片

很多时候，我们在写文档的时候会用到图片，而这些图片的来源也是很丰富的，比如，有的是已经存在计算机中可以随时用的，有的是要联机搜索的，还有的是手机相册中的，等等。然而，不同的来源就决定了它插入方式的多种多样。

6.2.1　插入准备好的图片

打开"素材 \ch06\ 封面 .jpg"图片。

将光标定位在要插入图片的位置，单击【插入】→【插图】→【图片】按钮。

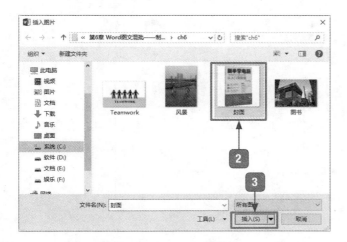

1 单击【图片】按钮。

2 选择要插入的图片。

3 单击【插入】按钮。

插入成功之后的效果如下图所示。

6.2.2 插入联机搜索的图片

将光标定位在要插入图片的位置，单击【插入】→【插图】→【联机图片】按钮。

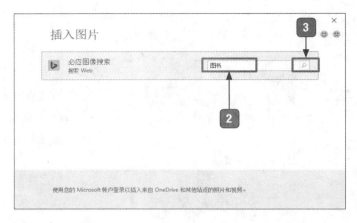

1 单击【联机图片】按钮。

2 在【必应图像搜索】文本框中输入"图书"。

3 单击搜索按钮。

4 选择合适的图片。

5 单击【插入】按钮。

插入之后的效果如下图所示。

6.2.3 插入网页中的图片

打开浏览器。

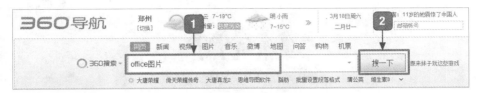

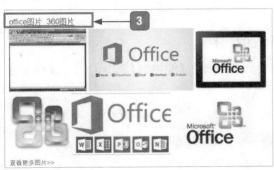

1 在【360 搜索】文本框中输入要搜索的内容，如输入"office 图片"。

2 单击【搜一下】按钮。

3 在打开的页面中，单击【office 图片 360 图片】标题。

4 然后任意选择一张图片并右击。

> **提示：**
> ![]表示保留图片的源格式，不一定和文档的格式一样，一般不选这种方式；![]表示合并格式，就是会自动将图片调整为与文档相同的格式，这种方式采用较多。

5 在弹出的快捷菜单中选择【复制图片】命令。

6 打开文档，将光标定位到插入图片的位置，然后右击，在弹出的快捷菜单中选择【粘贴选项】命令。

143

插入成功之后的效果如下图所示。

6.2.4 如何将手机中的照片插入 Word 中

先用数据线将手机连接到计算机上，然后找到桌面上的【此电脑】图标，双击鼠标左键。

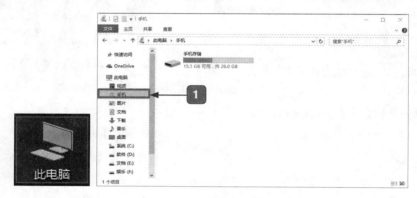

① 在弹出的对话框中，看到【手机】，就代表连接成功。

然后打开文档，将光标放到要插入图片的位置，单击【插入】→【插图】→【图片】按钮。

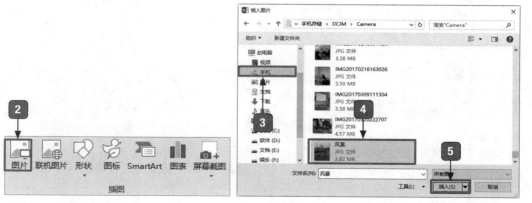

② 单击【图片】按钮。

③ 选择【手机】选项。

④ 选中要插入的图片。

⑤ 单击【插入】按钮。

插入成功之后的效果如下图所示。

6.3 编辑图片

当把图片插入之后，还有很多工作要完成，那就是对它进行美化，除了常规的大小调整之外，还有就是它和文字如何能够更好地和平相处，以及让它呈现更有特色的效果等一系列问题。

打开"素材 \ch06\ 图片编辑 .docx"文档。

6.3.1 裁剪图片大小

1. 普通的大小裁剪

选中图片，打开【图片工具 / 格式】【大小】组中进行设置。

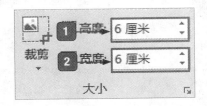

1 在【高度】微调框中输入【6 厘米】。
2 在【宽度】微调框中输入【6 厘米】。
图片大小改变的效果如下图所示。

2. 按纵横比裁剪图片

选中图片，在打开的选项卡下单击【图片工具 / 格式】→【大小】→【裁剪】下拉按钮。

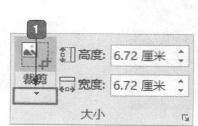

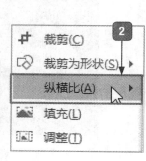

1️⃣ 单击【裁剪】下拉按钮。

2️⃣ 选择【纵横比】选项。

3️⃣ 选择【横向】组中的【4：3】选项。

4️⃣ 拖动这些黑线可以改变裁剪的范围。

最终的效果如下图所示。

3. 将图片裁剪为形状

选中图片，在打开的选项卡下单击【图片工具 / 格式】→【大小】→【裁剪】按钮。

① 单击【裁剪】按钮。

② 选择【裁剪为形状】命令。

③ 单击【基本形状】组中的任意一种形状。

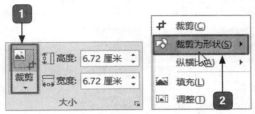

选择【矩形：棱台】的效果如下图所示。

6.3.2 选择合适的图片环绕形式

1. 改变图片的位置

选中图片，在打开的选项卡下单击【图片工具 / 布局】→【排列】→【位置】的下拉按钮。

147

1 单击【位置】下拉按钮。

2 在【文字环绕】组中选择一
种环绕方式。

选择【中间居右，四周型文字环绕】环绕方式的效果如下图所示。

2. 设置图片的对齐方式

选中图片，在打开的选项卡下单击【图片工具 / 格式】→【排列】→【对齐】下拉按钮。

1 单击【对齐】下拉按钮。

2 选择一种对齐方式。

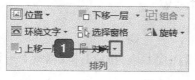

选择【水平居中】对齐方式的效果如下图所示。

3. 改变图片的布局选项

选中图片，单击按钮 ⬚。

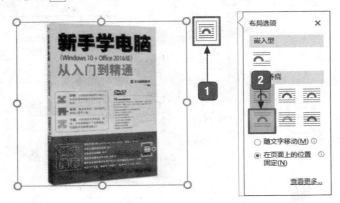

1️⃣ 单击该按钮。　　2️⃣ 选择任意一种文字环绕方式（如【上下型环绕】）。

选择【上下型环绕】文字环绕方式的效果如下图所示。

6.3.3 图片的移动技巧

选中图片，在打开的选项卡下单击【图片工具/格式】→【排列】→【环绕文字】下拉按钮。

1 单击【环绕文字】下拉按钮。

2 选择【其他布局选项】选项。

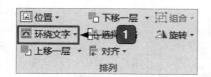

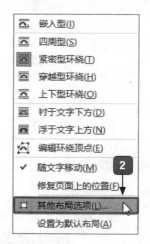

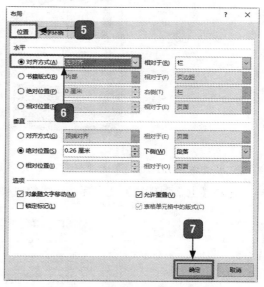

3 选择【文字环绕】选项卡。

4 选择【紧密型】选项。

5 选择【位置】选项卡。

最终效果如下图所示。

6 选中【对齐方式】单选按钮，选择【左对齐】选项。

7 单击【确定】按钮。

《新手学电脑从入门到精通（Windows10+Office2016 版）》通过精选案例引导读者深入学习，系统地介绍电脑的相关知识和应用方法。

全书分为 4 篇，共 17 章。第 1 篇 "新手入门篇" 主要介绍全面认识电脑、轻松掌握Windows10 操作系统、个性化设置操作系统、输入法的认识和使用、管理电脑中的文件资源和软件的安装与管理等；第 2 篇 "上网娱乐篇" 主要介绍网络的连接与设置、开启网络之旅、网络的生活服务、多媒体和网络游戏及网络沟通与交流等；第 3 篇 "高效办公篇" 主要介绍使用 Word2016 和 Excel2016 和 PowerPoint2016 等；第 4 篇 "高手秘籍篇" 主要介绍电脑的优化与维护、备份与还原等。

在本书附赠的 DVD 多媒体教学光盘中，包含了 16 小时与图书内容同步的教学录像及所有案例的配套素材和结果文件。此外，还赠送了大量相关学习内容的教学录像及扩展学习电子书等。为了满足读者在手机和平板电脑上学习的需要，光盘中还赠送龙马高新教育手机 APP 软件，读者安装后可观看手机版视频学习文件。

作者简介：

龙马高新教育，成立于 1998 年，擅长计算机类图书的策划与编写。其图书多次获得全国很好畅销书奖。龙马工作室有着**深厚的资源积累。龙马工作室创立的 "完全自学手册" 系列品牌，傲视同类产品。创立的 "编程宝典——我的**本编程书" 系列品牌，一版累计销量达到 30 万册的销量佳绩，为行业图书开辟了新的思路与方向。创作的 "从新手到高手" 和 "实战从入门到精通" 系列品牌，成为 "全国读者喜欢" 和全国销量优异的双优图书。

6.3.4 图片的调整与美化技巧

1. 更改图片的艺术效果

选中图片，在打开的选项卡下单击【图片工具 / 格式】→【调整】→【艺术效果】按钮。

▌1 单击【艺术效果】按钮。

▌2 在弹出的下拉列表中选择一种艺术效果（如【十字图案蚀刻】）。

选择【十字图案蚀刻】的效果如下图所示。

2. 快速美化图片

选中图片，在打开的选项卡下单击【图片工具 / 格式】→【图片样式】→按钮。

1 单击按钮。

2 选择一种样式。

选择【映像圆角矩形】的效果如下图所示。

6.4 使用自选图形

小白：大神，我想知道怎么使用自选图形，你可以教我吗？

大神：可以啊。Word 除了具有强大的文字处理功能外，还有一套很强大的用于绘制图形的工具哦。我们可以使用【形状】按钮绘制各种神奇的图形。

6.4.1　绘制自选图形

单击【插入】→【插图】→【形状】按钮。

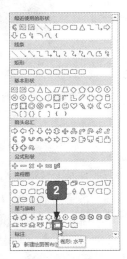

1️⃣ 单击【形状】按钮。

2️⃣ 任意选择一种形状。

当鼠标指针变成➕形状的时候，按住鼠标左键不放并拖动来绘制图形，绘制成功后的效果如下图所示。

6.4.2　编辑自选图形

1. 调整图形的大小

选中图形，打开【绘图工具 / 格式】【大小】组中进行设置。

153

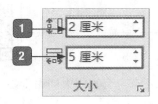

1 在【高度】微调框中输入【2厘米】。

2 在【宽度】微调框中输入【5厘米】。

修改之后的效果如下图所示。

2. 调整图片的颜色

选中图形，在打开的选项卡下单击【格式】→【形状样式】→【形状填充】按钮。

1 单击【形状填充】按钮。

2 在【主题颜色】组中选择
任意一种颜色。

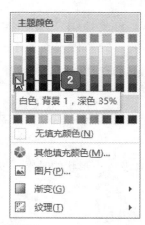

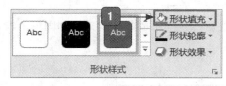

选择【白色，背景1，深色35%】之后的效果如下图所示。

3. 编辑图形的纹理

选中图形，在打开的选项卡下单击【格式】→【形状样式】→【形状填充】按钮。

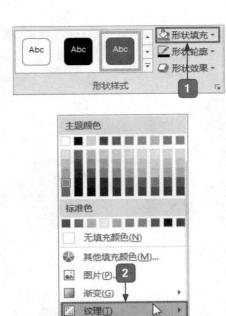

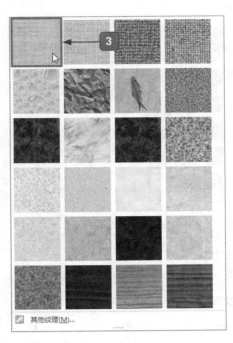

① 单击【形状填充】按钮。

② 选择【纹理】选项。

③ 任意选择一种纹理。

效果如下图所示。

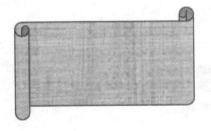

6.4.3 设置图形效果

1. 改变图形的轮廓颜色

选中图形，在打开的临时选项卡下单击【绘图工具 / 格式】→【形状样式】→按钮▽。

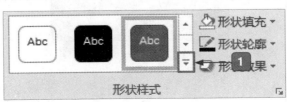

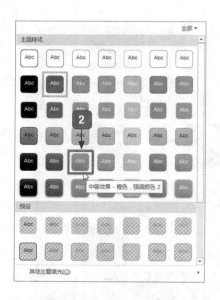

1 单击按钮⊡。

2 任选一种样式（如【中等效果 - 橙色，强调颜色 2】）。

选择【中等效果 - 橙色，强调颜色 2】之后的效果如下图所示。

2. 更改图形的形状轮廓

选中图形，在打开的选项卡下单击【绘图工具 / 格式】→【形状样式】→【形状轮廓】按钮。

1 单击【形状轮廓】按钮。

2 任选一种标准颜色。

选择紫色的效果如下图所示。

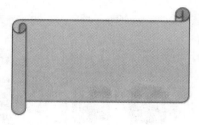

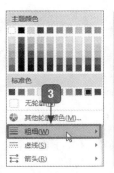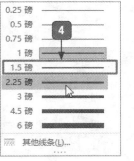

3 选择【粗细】选项。

4 选择一种线条样式（如【1.5 磅】）。

选择【1.5 磅】线条的效果如下图所示。

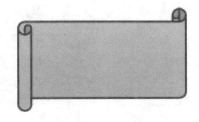

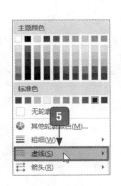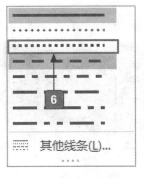

5 选择【虚线】选项。

6 选择一种虚线类型（如【方点】）。

选择【方点】之后的效果如下图所示。

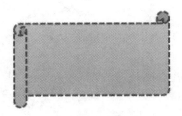

3. 更改图形的形状效果

选中图形，在打开的选项卡下单击【格式】→【形状样式】→【形状效果】按钮。

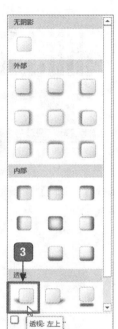

1 单击【形状效果】按钮。

2 选择【阴影】选项。

3 任选一种效果（如【透视：
左上】）。

选择【透视：左上】的效果如下图所示。

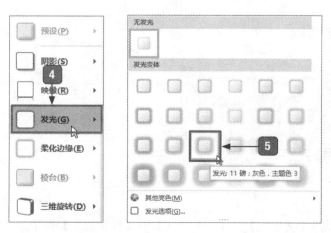

4 选择【发光】选项。

5 任意选择一种效果
（如【发光：11 磅；
灰色，主题色 3】）。

选择【发光：11 磅；灰色，主题色 3】的效果如下图所示。

6.5 使用 SmartArt 图形

小白：大神，你知道什么是 SmartArt 图形吗？怎么才能使用它啊，是不是很复杂？

大神：其实，它就是一种可以将信息和观点以视觉的形式用不同的布局表示出来的图形。它比大篇的文字更直观，使我们获取信息变得更加简捷、更加轻松。但它一点都不难。我们要做的除了插入外，就是编辑。因为为了让它美观，就需要对它从不同的角度来设置。

6.5.1 绘制图形

打开"素材 \ch06\SmartArt 图示 .jpg"图片。

将光标定位在要插入图形的位置，单击【插入】→【插图】→【SmartArt】按钮。

1 单击【SmartArt】按钮。

2 在弹出的【选择 SmartArt 图形】对话框中选择一种图形。

3 单击【确定】按钮。

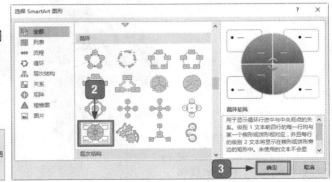

选择【循环】组中的【循环矩阵】图形后的效果如下图所示。

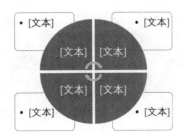

6.5.2 编辑图形

1. 更改 SmartArt 图形的版式

选中 SmartArt 图形，在打开的选项卡下单击【SmartArt 工具 / 设计】→【版式】→按钮▼。

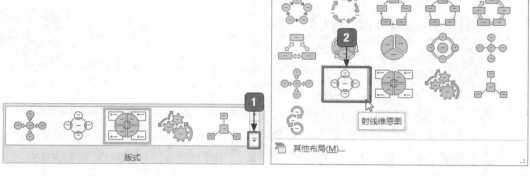

1 单击按钮▼。

2 任意选择一种版式（如【射线维恩图】）。

选择【射线维恩图】版本的效果如下图所示。

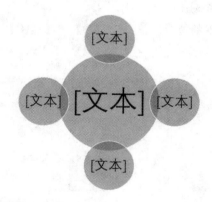

2. 更改 SmartArt 图形的颜色

选中 SmartArt 图形，在打开的选项卡下单击【SmartArt 工具 / 设计】→【SmartArt 样式】→【更改颜色】按钮。

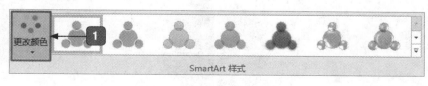

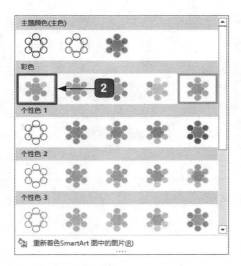

1 单击【更改颜色】按钮。

2 任选一种颜色样式（如【彩色】组中的【个性色】）。

选择【彩色】组中的【个性色】的效果如下图所示。

在图形上单击就可以编辑文字，编辑完文字的效果如下图所示。

3. 在原 SmartArt 图形上添加形状

选中图形，在打开的选项卡下单击【SmartArt 工具 / 设计】→【创建图形】→【添加形状】按钮。

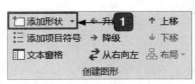 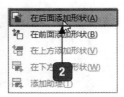

1 单击【添加形状】按钮。

2 选择一种添加形状的方位（如【在后面添加形状】）。

选择【在后面添加形状】插入成功之后的效果如下图所示。

4. 更改 SmartArt 图形的样式

选中图形，在打开的选项卡下单击【SmartArt 工具 / 设计】→【SmartArt 样式】→按钮 ⊡。

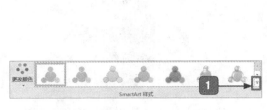

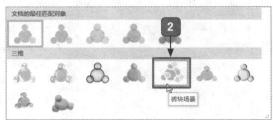

1 单击按钮 ⊡。

2 任选一种样式（如【砖块场景】）。

选择【砖块场景】样式之后的效果如下图所示。

6.6 使用图表的技巧

图表是一种可以让数据变得更直观的神奇的工具。但是相信很多人在制作文档时，都曾经被图表为难过。那么下面就教你了解它，让你更快、更轻松地驾驭它。

打开"素材 \ch06\ 图表 .docx"文档。

6.6.1 创建图表的方法

将光标定位在要插入图表的位置，单击【插入】→【插图】→【图表】按钮。

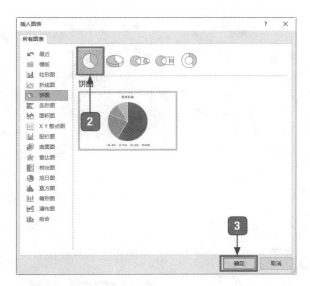

1 单击【图表】按钮。

2 选择一种图表。

3 单击【确定】按钮。

插入饼图的效果如下图所示。

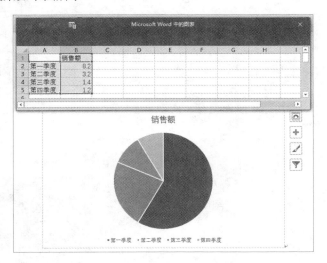

6.6.2 编辑图表中的数据

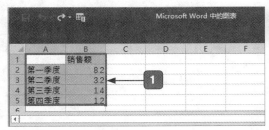

1 将 Excel 表中的数据全部删除。

2 在表格中输入数据。

输入数据之后的效果如右图所示。

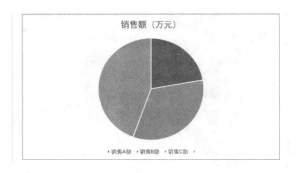

6.6.3 图表的调整与美化

1. 更改图表的布局

选中图表，在打开的选项卡下单击【图片工具 / 设计】→【图表样式】→按钮▽。

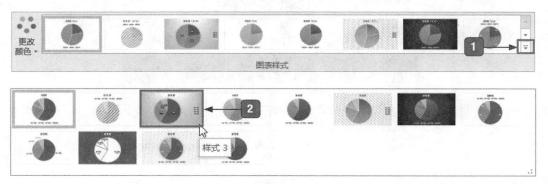

1 单击按钮▽。

2 任选一种样式（如【样式 3】）。

选择【样式 3】之后的效果如右图所示。

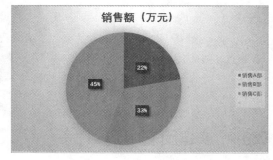

2. 更改图表的颜色

选中图表，在打开的选项卡下单击【图片工具 / 设计】→【图表样式】→【更改颜色】按钮。

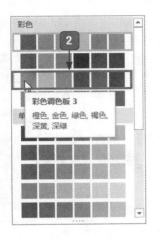

1️⃣ 单击【更改颜色】按钮。

2️⃣ 选择任意一种颜色组（如【彩色调色板3】）。

选择【彩色调色板3】的效果如下图所示。

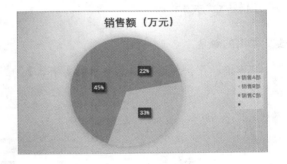

6.7 使用文本框

有时候，我们想要在文档的某一个位置加些文字，却发现它的格式很受限制，总是达不到自己想要的效果。这时就要用到文本框了，文本框可以让你的文字放在任何一个位置。

6.7.1 插入文本框

将光标定位到要插入文本框的位置，单击【插入】→【文本】→【文本框】按钮。

1️⃣ 单击【文本框】按钮。

2️⃣ 任选一种文本框（如【奥斯汀引言】）。

选择【奥斯汀引言】文本框的效果如下图所示。

> [使用文档中的独特引言吸引读者的注意力,
> 或者使用此空间强调要点。要在此页面上的
> 任何位置放置此文本框,只需拖动它即可。]

6.7.2 编辑文本框

1. 更改文本框的颜色

选中文本框,在打开的选项卡下单击【格式】→【形状样式】→按钮 ⫶。

1 单击按钮 ⫶。

2 任选一种颜色样式(如【细
  微效果 - 绿色,强调颜色
  6】)。

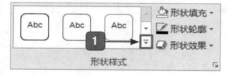

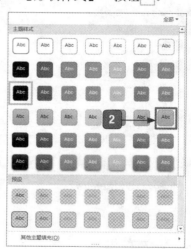

选择【细微效果 - 绿色,强调颜色 6】的效果如下图所示。

> [使用文档中的独特引言吸引读者的注意力,
> 或者使用此空间强调要点。要在此页面上的
> 任何位置放置此文本框,只需拖动它即可。]

2. 更改文本框的形状

选中文本框,在打开的选项卡下单击【绘图工具 / 格式】→【插入形状】→【编辑形状】按钮。

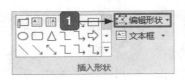

1 单击【编辑形状】按钮。

2 选择【更改形状】选项。

3 任意选择一种形状（如【卷形：垂直】）。

选择【卷形：垂直】形状的效果如下图所示。

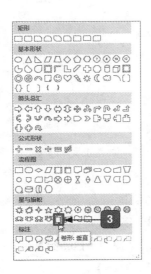

6.8 实战案例——制作公司宣传彩页

小白：大神呐，求拯救！我们公司的领导让我为公司制作一个宣传彩页，既要
美观大方吸人眼球，还要内容严谨详细。但我从来没做过这种事情啊，我好为难哦！

大神：不用着急，只要你掌握了我前面教给你的那些技能，这个对你来说就是小菜一碟。公
司的宣传彩页一定要有特色、有风格。

打开"素材 \ch06\ 公司宣传页 .docx"文档。

1. 设置文本的字体格式和段落格式

单击【开始】→【编辑】→【选择】按钮。

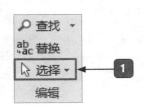

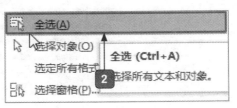

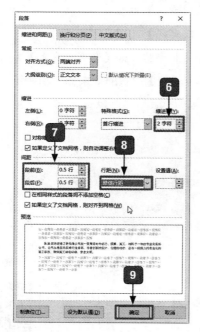

1 单击【选择】按钮。

2 选择【全选】选项。

3 设置【字体】为【等线（中文正文）】。

4 设置【字号】为【四号】。

5 单击【段落】组中的按钮。

6 设置【缩进值】为【2字符】。

7 设置【段前】和【段后】间距都为【0.5行】。

8 设置【行距】为【单倍行距】。

9 单击【确定】按钮。

效果如下图所示。

某某装饰装修工程有限公司是一家集室内外设计、预算、施工、材料于一体的专业化装饰公司。公司从事装饰装修行业多年，有着创新的设计、合理的报价，还有一批独立的专业化的施工队伍，确保施工绿色环保，安全文明。

公司本着"崇尚自由，追求完美"的设计理念，凭借超前的设计构思、合理的预算报价、精良的施工工艺，优质的全程服务，真诚的为每一位顾客，量身定制全新、优雅、舒适的居家生活、文化空间。

自公司成立以来，全体员工一直秉承"以质量求生存，以信誉求发展"的经营理念，始终坚持以客户的需求和满意为核心，以"诚信"为宗旨，不断的用优质、精美、具有创造力的空间装饰产品为客户提供更大的价值回报，从而使公司不断发展壮大。

2. 添加并编辑艺术字

单击【插入】→【文本】→【艺术字】按钮。应用【填充：黑色，文本色1；边框：白色，背景色1；清晰阴影；蓝色，主题色5】样式，给艺术字添加【紧密影像：接触】的效果，设置【曲线：下】弯曲效果，并将文字环绕方式设置为【上下型环绕】。完成后的效果如下图所示。

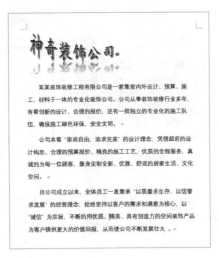

3. 插入文本框

将光标定位在要插入文本框的位置，选择【插入】→【文本】→【文本框】→【奥斯汀提要栏】选项。插入之后在文本框中输入文字，并调整文本框的大小。完成后的效果如下图所示。

4. 添加并编辑图片

打开"素材\ch06\装饰.jpg"图片。

将光标定位在要插入图片的位置，单击【插入】→【插图】→【图片】按钮，选择图片并单击【插入】按钮将图片插入文档中，然后将图片的文字环绕方式设置为【紧密型环绕】，并将图片的大小设置为合适的尺寸。最终的效果如下图所示。

痛点解析

痛点 1：为何段落中的图像显示不完整

小白： 大神，我在文档中插入图片之后，却发现它没办法显示完全，图片就像被 Word 砍掉了一部分一样，我该怎么办啊？

大神： 解决方法其实很简单，你只要修改一下段落设置就可以了，具体的操作让我给你演示一遍吧。

打开"素材 \ch06\ 不完整图编辑 .docx"文档。

单击【开始】→【段落】→按钮 ᴦ。

1 单击按钮 ᴦ。

2 设置【行距】为【单倍行距】。

3 单击【确定】按钮。

效果如下图所示。

痛点 2：多个图形的选择与排列

有时，我们会在文档中插入多个图形，然而，如果没有排列就显得版面很杂乱，严重影响效果。这个时候，如果我们可以同时选择多个图形并排列它们，会让文档更有吸引力。

打开"素材 \ch06\ 多个图形 .docx"文档。

1. 快速选中多个图形

单击【开始】→【编辑】→【选择】按钮。

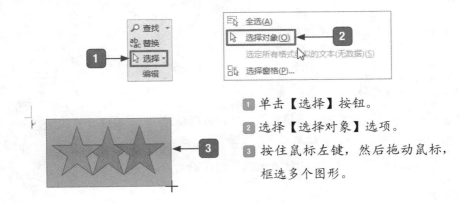

1 单击【选择】按钮。

2 选择【选择对象】选项。

3 按住鼠标左键，然后拖动鼠标，框选多个图形。

选择成功之后的效果如下图所示。

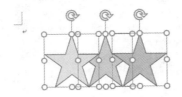

2.设置图形的叠放顺序

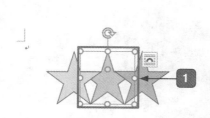

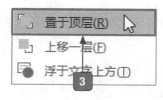

1 右击粉色图形。

2 选择【置于顶层】选项。

3 在弹出的级联菜单中选择【置于顶层】选项。

最终的效果如下图所示。

大神支招

问：使用手机办公，记住客户的信息很重要，如何才能使通讯录永不丢失？

人脉管理如今受到现代人的普遍关注和重视。随着移动办公的发展，越来越多的人脉数据会被记录在手机中，掌管好手机中的人脉信息就显得尤为重要。

1. 永不丢失的通讯录

如果手机丢了或损坏了，就不能正常地获取通讯录中联系人的信息，为了避免意外的发生，可以在手机中下载"QQ同步助手"应用，将通讯录备份至网络，发生意外时，只需要使用同一账号登录"QQ同步助手"，然后将通讯录恢复到新手机中即可，让你的通讯录永不丢失。

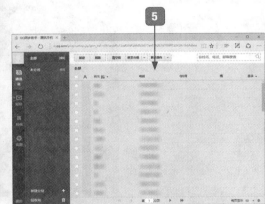

1️⃣ 打开"QQ 同步助手",点击【设置】按钮。

2️⃣ 点击【登录】按钮,登录 QQ 同步助手。

3️⃣ 点击【备份到网络】按钮。

4️⃣ 显示备份进度。

5️⃣ 打开浏览器,输入网址 http://ic.qq.com,即可查看备份的通讯录联系人。

6️⃣ 点击【恢复到本机】按钮,即可恢复通讯录。

2. 合并重复的联系人

有时通讯录中某些联系人会有多个电话号码,也会在通讯录中保存多个相同的姓名,有时同一个联系方式会对应多个联系人。这种情况会使通讯录变得臃肿杂乱,影响联系人的准确快速查找。这时,使用"QQ 同步助手"就可以将重复的联系人进行合并,解决通讯录联系人重复的问题。

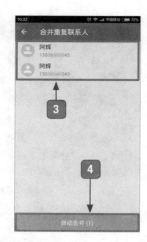

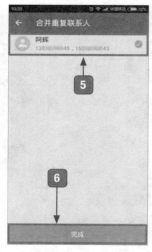

1️⃣ 进入"QQ 同步助手"【设置】页面，选择【通讯录管理】选项。

2️⃣ 选择【合并重复联系人】选项。

3️⃣ 显示可合并的联系人。

4️⃣ 点击【自动合并】按钮。

5️⃣ 显示合并结果。

6️⃣ 点击【完成】按钮。

7️⃣ 点击【立即同步】按钮，重新同步通讯录。

07

CHAPTER

第7章

文档页面的设置——制作商务邀请函

>>> 你是不是羡慕过别人漂亮的文档设计？

>>> 你是不是羡慕别人文档的最上面和最下面有精彩内容？

>>> 你有没有发现有的文档页码有的在左，有的在右？

>>> 你是不是羡慕别人在一篇文档中有几种不同的页眉和页脚？

没关系，学完这一章，别人就要羡慕你了。

7.1 设置页面版式布局

小白：最近我们部门一个同事，文章写得还没我好呢，却被老板赏识了。

大神：嗯？那他肯定有别的绝招吧。

小白：不就会个页面布局嘛！

大神：哈哈，你可别小瞧了这个页面布局。想被老板赏识，就来跟我学学吧。

7.1.1 设置页边距

页边距就是文档内容和纸张边缘的距离，可别小看这个距离哦，用得不好，不仅难看，可能还会造成部分数据不能打印哦。

看看下面这篇文档吧。

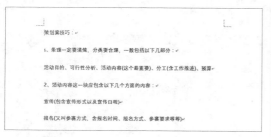

1 单击【页边距】下拉按钮。

单击【布局】选项卡【页面设置】组中的【页边距】下拉按钮 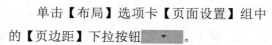 。

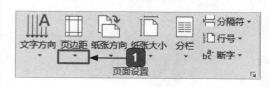

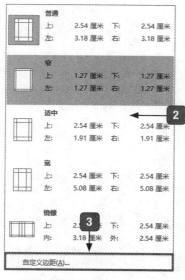

2 根据需要选择合适的页边距。

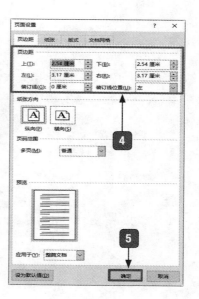

3 如果没有合适的，可以选择【自定义边距】选项。

4 在弹出的对话框中根据实际情况设定，此处设置上、下、左、右均为 1.27 厘米。

5 单击【确定】按钮。

效果如下图所示。

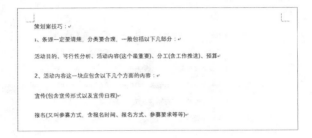

7.1.2 设置纸张方向

纸张方向其实就是说，你要横着看打印纸，还是竖着看。

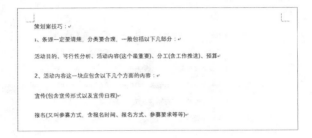

单击【布局】选项卡【页面设置】组中的【纸张方向】下拉按钮 ▼。

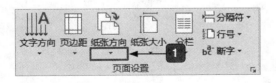 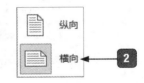

1 单击【纸张方向】下拉按钮。

2 根据需要调整纸张方向，此处调为横向。

效果如下图所示。

7.1.3 设置纸张大小

纸张大小就是在打印时使用什么样规格的纸张，如 A4、B5 等。

选择【布局】选项卡【页面设置】选项。

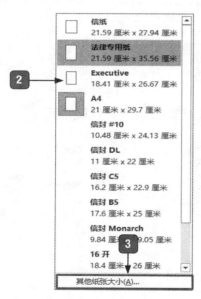

■ 单击【纸张大小】下拉按钮 ▼ 。

2 根据需要选择纸张大小。

3 如果没有合适的，选择【其他纸张大小】选项。

4 在弹出的对话框中根据实际情况设

定，此处设置【宽度】为【18.4厘米】，【高度】为【26厘米】。

5 单击【确定】按钮。

效果如下图所示。

挽一缕长风薄念，在素色的时光里种下一个梦，梦里有落梅舞雪，也有清荷临水。冬日的清晨，白色的雾气缭绕在无声的时间里，执一支轻灵的笔描下这不经意间的美，一如那个白衣胜雪的你。留一首小诗陪我共清欢，情在纸上缱绻弥漫，时光静好，又恰似一树花开，姿态不媚不妖，一叶一瓣，片片恬静。落笔、煮茶，茶香袅袅，淡而不涩，这是岁月的味道，也是爱的味道。

提示：
这 3 种修改也可以通过【布局】选项卡【页面设置】组的下拉按钮 进行设置。

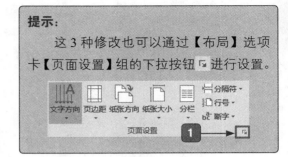

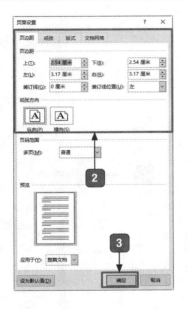

1 单击按钮 。

2 进行页边距、纸张方向和纸张大小的设定。

3 单击【确定】按钮。

7.2 主题和背景

主题和背景是设计文档的关键，它们取决于文档的内容，同时也反过来决定了文档的质量。

7.2.1 设置页面主题

单击【设计】选项卡【文档格式】组中的【主题】按钮。

一般页面为默认主题 Office。

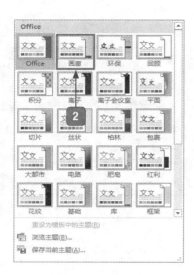

1 单击【主题】按钮。

2 选择符合文档的主题，此处
选择【画廊】主题。

7.2.2 设置页面背景

1. 添加水印

打开文档。

挽一缕长风薄念，在素色的时光里种下一个梦，梦里有落梅舞雪，也有清荷临水。冬日的清晨，白色的雾气缭绕在无声的时间里，执一支轻灵的笔描下这不经意间的美，一如那个白衣胜雪的你。留一首小诗陪我共清欢，情在纸上缱绻弥漫，时光静好，又恰似一树花开，姿态不媚不妖，一叶一瓣，片片恬静。

落笔，煮茶，茶香袅袅，淡而不涩，这是岁月的味道，也是爱的味道。

晨起，院子里落了厚厚的一层黄叶，风雨过后，太阳露出了灿烂的笑脸，阳光雨露，它们最是感知环境的变化与季节的更替，在岁月的渡口，生根发芽，开花结果。不为名，不为利，是一份对生命的感知。

轻抚岁月的花，安静绽放。感恩遇见，感恩光阴所赐予我的一切，携一路相伴的暖，拨弄时光的琴弦，余音袅袅……

选择【设计】选项卡，找到【页面背景】组。

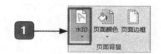

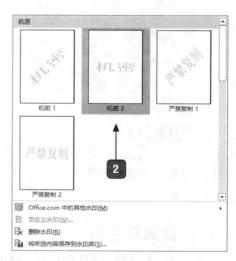

1 单击【水印】按钮。

2 在弹出的下拉列表中选择合适的水印，此处选择【机密2】选项。

效果如下图所示。

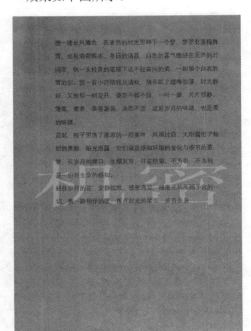

2. 设置页面颜色

页面颜色主要是给文档添加一个漂亮的背景颜色。

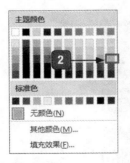

效果如下图所示。

1 单击【页面颜色】按钮。

2 选择合适的主题颜色，此处选择绿色。

3. 设置页面边框

文档做好之后，可以给它加一个漂亮的边框。

1 单击【页面边框】按钮。

2 选择合适的页面边框，调整样式、颜色、宽度等。

3 调整底纹。

4 单击【确定】按钮。

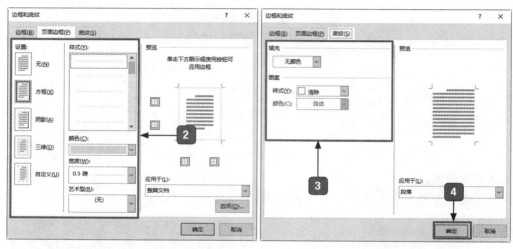

效果如下图所示。

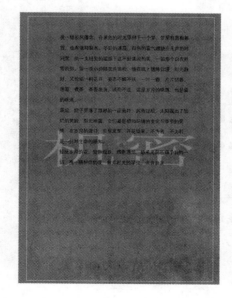

7.3 分页与分节

分页和分节很简单，就是用来分页和分节的，哈哈，被套路了吧，没关系，下面会给你细讲分页和分节的。

7.3.1 使用分页符

分页符用来分页，可是，很多人都是用回车来分页。不过，这样的分页，如果前面的内容有改动，那后面分页就会发生混乱。

打开文档，将光标定位到第一段段尾。

挽一缕长风随念、在素色的时光里种下一个梦，梦里有落梅舞雪，也有清荷临水。冬日的清晨，白色的雾气缭绕在无声的时间里，执一支轻灵的笔描下这不经意间的美，一如那个白衣胜雪的你。留一首小诗陪我共清欢，情在纸上辗转弥漫，时光静好，又恰似一树花开，姿态不娇不妖，一叶一瓣，片片恬静，落笔，煮茶，茶香袅袅，浓而不涩，这是岁月的味道，也是爱的味道。

晨起，院子里落了厚厚的一层黄叶，风雨过后，太阳露出了灿烂的笑脸，阳光雨露，它们最是感知环境的变化与季节的更替，在岁月的渡口，生根发芽，开花结果。不为名，不为利，是一份对生命的感知。

轻抚岁月的花，安静绽放，感恩遇见，感恩光阴所赐予我的一切，携一路相伴的暖，拨弄时光的琴弦，余音袅袅……

单击【布局】选项卡，找到【页面设置】组中的【分隔符】。

1 单击【分隔符】按钮。

2 选择下拉列表中【分页符】组中所需的分页方式。

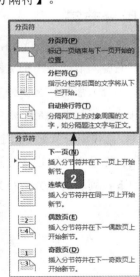

效果如下图所示。

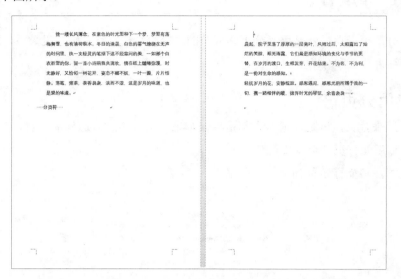

还有一种方法。打开一篇文档后，将光标定位到需要分页的段落后。单击【插入】选项卡【页面】组中的【分页】按钮，即完成分页。

7.3.2 使用分节符

分节符就是用来给文档分节的，那什么是节呢？简单来说，节就是一个文档中关联比较紧密的一部分。那为什么要分节呢？你想想，有些书的页眉和页脚是不是每章都不一样？这时候，就需要分节来帮忙了。

在【布局】选项卡中单击【分隔符】按钮，在弹出的下拉列表的【分节符】组中选择分节方式。

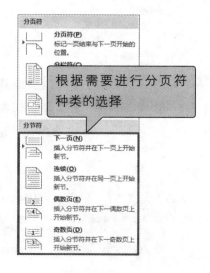

效果如下图所示。

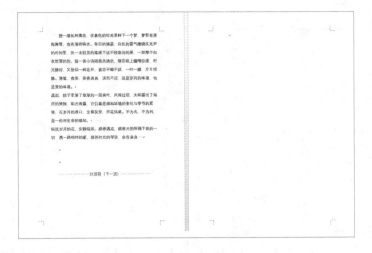

7.4 页眉和页脚

为了让 Word 文档更加美观，有时我们会设置页眉、页脚。那什么是页眉、页脚呢？简单来说，就是在文档的正文以外，最上面和最下面的内容。

7.4.1 设置页眉和页脚

如何设置页眉和页脚呢，打开文档。

时间是有限的，同样也是无限的，有限的是每年只有三百六十五天，每天二十四小时，但它周而复始的在流逝。人生匆匆不过几十个春秋，直止老去的那天，时间还是那样，每一分每一秒的在走，像是无限的一样，但它赋予我们每个人的生命是有限的。

做人就要有目标，干一番轰轰烈烈的事业，就算没有成功，回过头来仔细想想看，至少自己努力去做过，没有浪费时间，更没有虚度光阴。正所谓"一寸光阴一寸金，寸金难买寸光阴"，钱是一分一分挣来的，浪费了多少时间就等于是浪费了多少金钱。所以每一天，每一小时，每一分钟都限有价值。

单击【插入】选项卡【页眉和页脚】组中的【页眉】下拉按钮 。

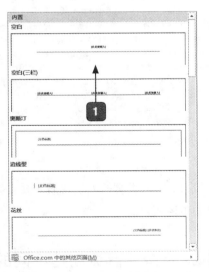

1 在弹出的下拉列表中选择合适的页眉格式，此处选择【空白】选项。

效果如下图所示。

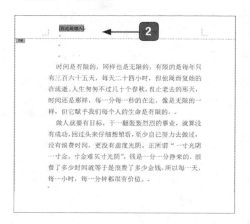 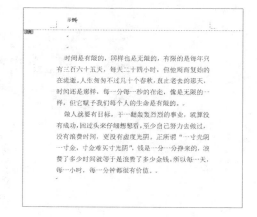

2 在页眉处编辑文字。

完成插入后,单击【页眉和页脚工具/设计】选项卡【关闭】组中的【关闭页眉和页脚】按钮 或者双击文档空白处,即退出页眉编辑。

效果如下图所示。

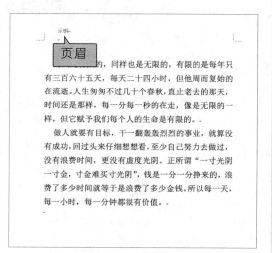 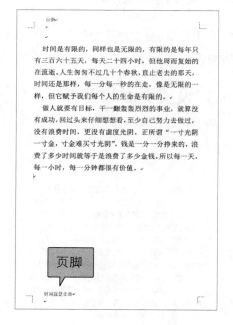

同理,插入页脚的方法与插入页眉类似。

效果如下图所示。

7.4.2 为奇、偶页创建不同的页眉和页脚

小白:页眉、页脚太单一了,怎么办啊?

大神:想解决这个问题?可以为奇、偶页创建不同的页眉和页脚啊!

打开文档，为文档插入页眉和页脚。

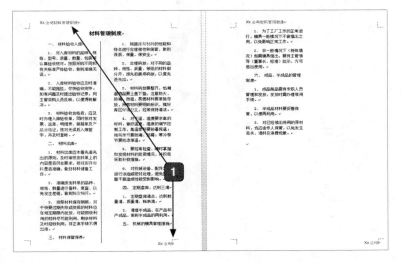

1 插入页眉页脚。

选中【页眉和页脚工具／设计】选项卡【选项】组中的【奇偶页不同】复选框。

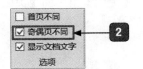

2 选中【奇偶页不同】复选框。

编辑奇数页和偶数页页眉。

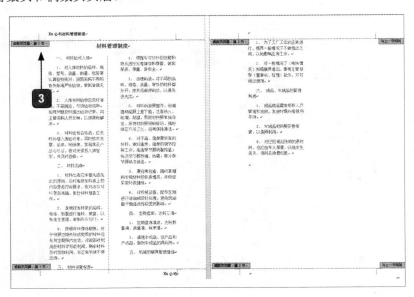

3 编辑奇数页页眉。

4 编辑偶数页页眉。

完成插入后，单击【页眉和页脚工具 / 设计】选项卡【关闭】组中的【关闭页眉和页脚】

按钮 ，或者双击文档空白处，退出编辑。

5 编辑奇数页和偶数页页眉的效果如下图所示。

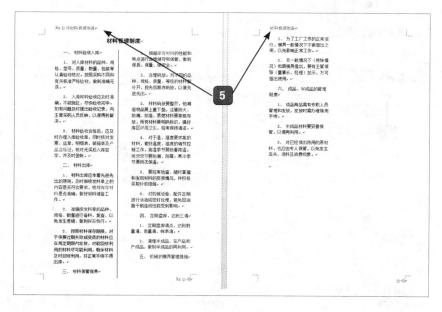

7.4.3 将 LOGO 作为文档页眉

将 LOGO 添加到页眉，那就是锦上添花了。打开文档，进行页眉创建。

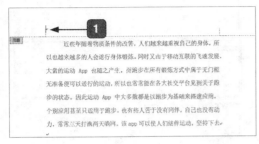

① 进入页眉编辑状态。

② 插入 LOGO。

③ 双击文档空白处退出页眉编辑。

7.5 插入页码

大家看书的时候，都知道书下面有页码，可是，那个页码是怎么添加上去的呢？

7.5.1 添加页码

先来学习添加页码，打开文档。

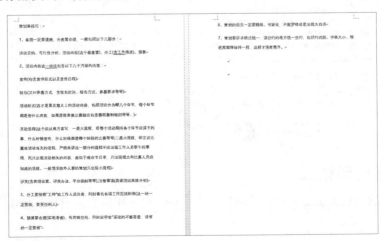

单击【插入】选项卡【页眉和页脚】组中的【页码】下拉按钮 ▼。

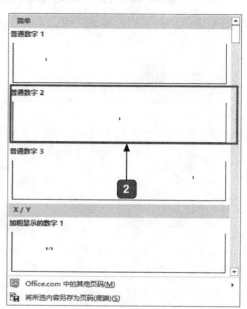

1️⃣ 选择一个合适的插入页码的位置，此处以页面底端为例。

2️⃣ 选择【普通数字 2】选项。

3️⃣ 插入页码后的效果如下图所示。

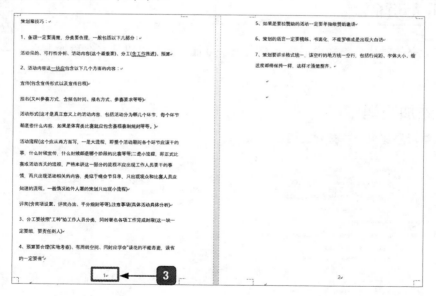

7.5.2 设置页码格式

页码格式的设置方法有多种，除阿拉伯数字外，也可用英文来设置。单击【页码】下拉按钮。

1️⃣ 选择【设置页码格式】选项。

2️⃣ 选择【编号格式】为【a, b, c...】，【起始页码】选择为【a】。

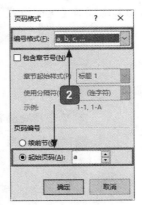

3️⃣ 设置页码格式后的效果如下图所示。

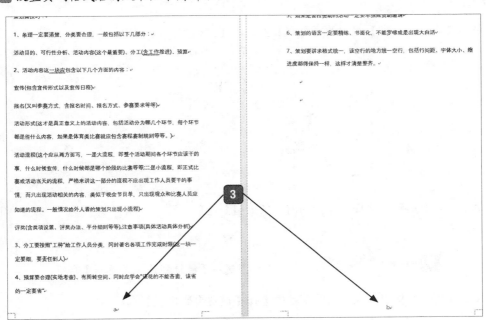

7.5.3 在同一文档中设置多重页码格式

重点来了，您会发现有些书的编码不是连续的，有的突然重新从 1 开始编码了，这又是怎么做到的呢？

把光标定位在想要设置两种格式的区分处（我们以第 3 页为分界）。

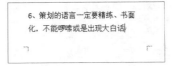

单击【布局】选项卡【页面设置】组中的【分隔符】下拉按钮 。

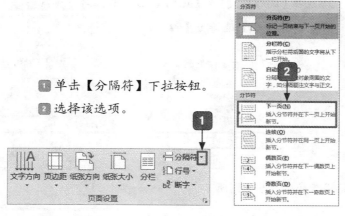

1 单击【分隔符】下拉按钮。

2 选择该选项。

单击【页眉和页脚】组中的【页码】按钮，在文档中插入页码。

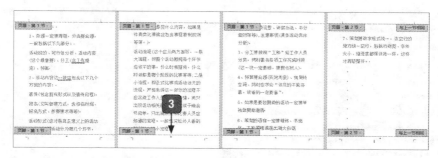

单击第 4 页页码，选择【链接到前一条页眉】选项。

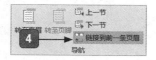

3 插入页码。

4 选择【链接到前一条页眉】选项。

单击【页码】按钮，在弹出的菜单中选择【设置页码格式】选项。

5 选择【设置页码格式】选项。

6 此处【编号格式】由英文字母设置为阿拉伯数字完成我们的多重页码操作。

效果如下图所示。

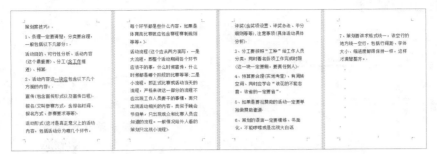

7.6 实战案例——制作商务邀请函

小白：今天又要加班了。老板让我做一个商务邀请函。

大神：这章教你的没有学会吗？

小白：会是会了，就是不知道整个流程是什么。

大神：好吧，我来帮你整理一下。

创建一个空白文档。

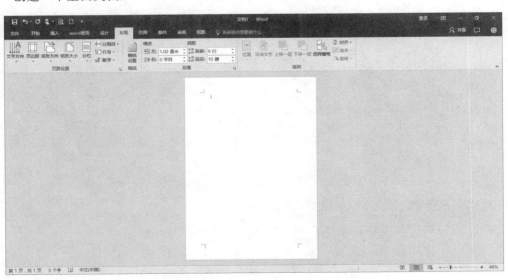

选择【布局】选项卡。

1 单击按钮。

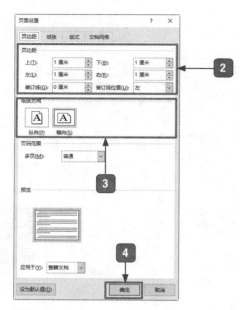

2 将页边距上下左右均设置为
　1厘米。

3 选择纸张方向为横向。

4 单击【确定】按钮。

效果如下图所示。

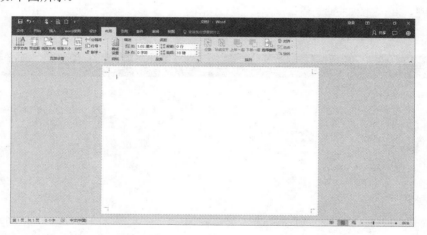

将"商务邀请函"文本复制到文档中。

找到【设计】选项卡中的【页面背景】组。

[5] 单击【页面颜色】按钮。

[6] 选择【填充效果】选项。

[7] 选择合适的纹理。

[8] 单击【确定】按钮。

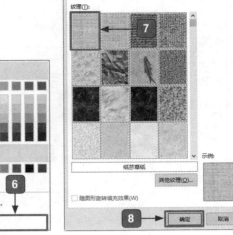

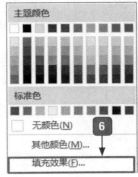

效果如下图所示。

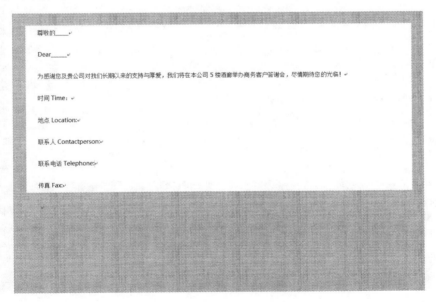

单击【页面边框】按钮，弹出【边框和底纹】对话框。

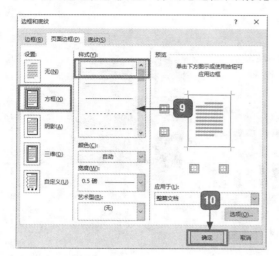

9 选择页面边框和样式。

10 单击【确定】按钮。

效果如下图所示。

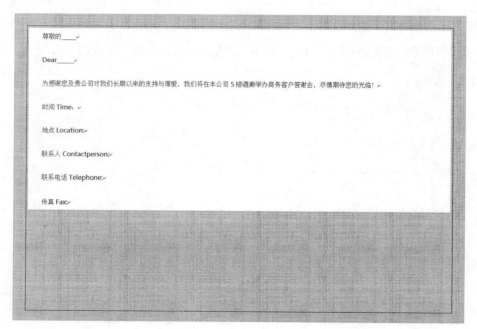

尊敬的_____

Dear_____

为感谢您及贵公司对我们长期以来的支持与厚爱，我们将在本公司 5 楼酒廊举办商务客户答谢会，尽情期待您的光临！

时间 Time:

地点 Location:

联系人 Contactperson:

联系电话 Telephone:

传真 Fax:

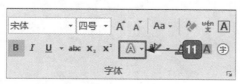

11 选中文本，进行文本效果设定。

效果如下图所示。

提示:

Word 文档中有联机模板。

单击【插入】选项卡【页面】组中的【分页】按钮。

12 单击【分页】按钮。

效果如下图所示。

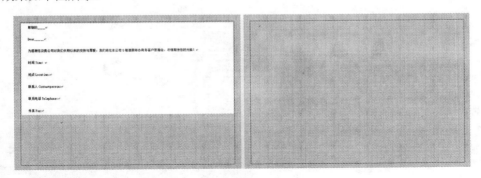

单击【插入】选项卡【文本】组中的【艺术字】按钮。

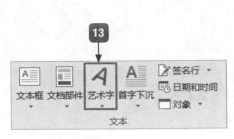

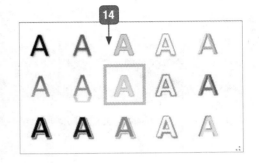

13 单击【艺术字】按钮。

14 选择艺术字样式。

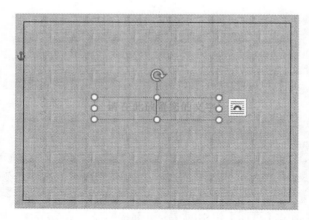

在【绘图工具/格式】选项卡【艺术字样式】组中设置文本效果。

15 单击【文本效果】按钮。

16 设置文本效果。

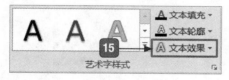

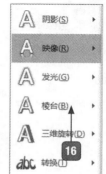

效果如下图所示。

单击【插入】选项卡【页眉和页脚】组中的【页眉】按钮。

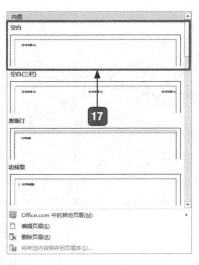

17 选择【空白】选项。

在页眉处编辑内容，效果如下图所示。

单击【插入】选项卡【页眉和页脚】组中的【页码】按钮。

18 选择该选项。

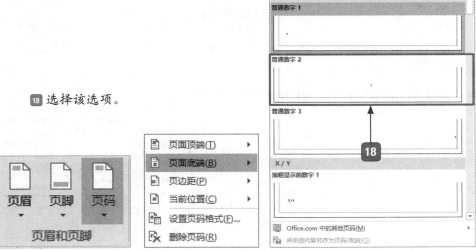

最终效果如下图所示。

![痛点解析]

痛点 1：如何去除文档上的页眉线

小白：大神，我做的文档本来觉得太过于简单，就在页面上插入了页眉，可是编辑完成后，竟然还有一道直线在下面，文档变得更难看了。

大神：哈哈，这就尴尬了。

小白：你就别笑了，有什么方法能帮我解决这个问题不？

大神：当然了，跟着我来做吧。

打开 Word 文档。

怎么删除页眉线

1️⃣ 进入页眉编辑状态。

2️⃣ 单击【开始】选项卡【样式】组中的下拉按钮 ▾。

3 选择【清除格式】选项，完成页眉线的删除。

效果如下图所示。

痛点2：收缩文档的页面数量

小白：有时候我的文档在下一页就多出来一点，怎样才能把它们放到一页呢？

大神：你可以尝试缩小页边距、行间距等。

打开 Word 文档。

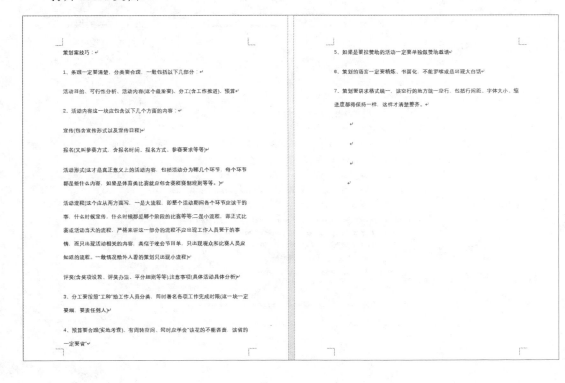

1. 单击【布局】选项卡【页面设置】组中的【页边距】下拉按钮。

2. 选择【自定义边距】选项。

3. 将页边距上下左右都调整为1厘米。

4. 单击【确定】按钮。

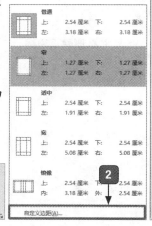

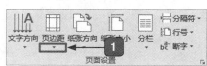

效果如下图所示。

问：手机通讯录或微信中包含很多客户信息，能否将客户分组管理，方便查找呢？

使用手机办公，必不可少的就是与客户的联系，如果通讯录中客户信息太多，可以通过分组的形式管理，不仅易于管理，还能够根据分组快速找到合适的人脉资源。

1. 在通讯录中将朋友分类

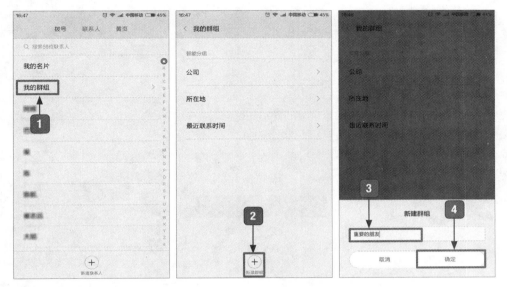

① 打开通讯录页面，选择【我的群组】　　③ 输入群组名称。
选项。　　　　　　　　　　　　　　　④ 点击【确定】按钮。

② 点击【新建群组】按钮。

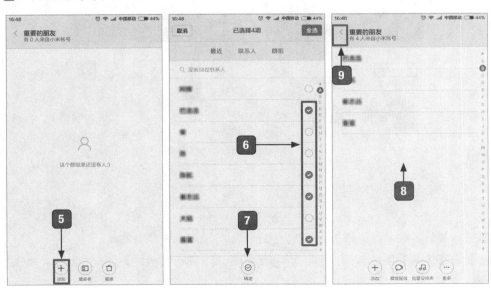

⑤ 点击【添加】按钮。　　　　　　　⑥ 选择要添加的联系人。

7 点击【确定】按钮。

8 完成分组。

9 点击【返回】按钮，重复上面的步骤，继续创建其他分组。

2. 微信分组

1 打开微信，选择【通讯录】选项。

2 选择【标签】选项。

3 点击【新建标签】按钮。

4 选择要添加至该组的朋友。

5 点击【确定】按钮。

6 输入标签名称。

7 点击【保存】按钮。

8 完成分组创建。

9 点击【新建】按钮可创建其他分组。

第8章

长文档的排版操作
——毕业论文排版与设计

>>> 你知道什么是大纲视图吗？

>>> 你知道书签的好处吗？

>>> 你的目录不会是自己一行一行地敲出来的吧？

带着这些问题，我们一起来看看毕业论文是怎么做的吧。

8.1 使用文档视图

小白：我的毕业论文看着好乱啊！

大神：别急，使用视图，文章结构一目了然！

8.1.1 使用大纲视图查看长文档

当我们查看长文档时，往往因为内容太多而只能看到局部的内容。因此无法整体把握文章的结构和层次。但是当我们使用大纲视图，这个问题就被解决了！

1️⃣ 选择【视图】选项卡。

2️⃣ 单击【大纲视图】按钮。

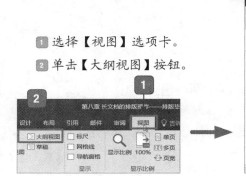

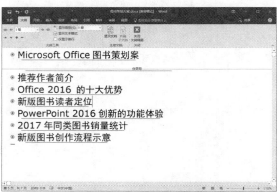

这样文章是不是清晰多了！

注意到按钮 ➕ 了吗？它有什么用呢？让我们单击一下试试！

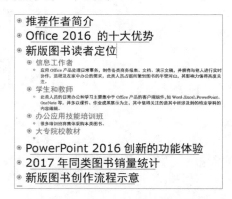

我们能够看到，双击按钮 ➕ 就能看到对应的下级内容！

再次双击就能收起下级内容！而且我们能控制查看的级别。

8.1.2 使用大纲视图组织长文档

在大纲试图下可进行正常的编辑，不过最重要的是在大纲视图下能够给文本更改层次！

1️⃣ 选中文字。

2️⃣ 选择2级试试。

选中的文本已经变成了2级内容。

在大纲视图可以给文本确定级别，一来可以更清楚地看到文档的层次；二来可以对同一级别的内容整体操作。

8.2 使用书签

小白：我现在在看一篇长文档，一次性看不完，所以再次打开文档的时候就很难找到自己上次看到哪里了！

大神：你可以试试加一个书签！下次定位书签就能到你上次看的地方了！

8.2.1 添加书签

> **更直观地表达想法**
>
> Office 2016 开创了一些设计方法，让用户可以将想法生动地表达出来。使用新增的和改进的图片格式工具（例如，颜色饱和度和艺术效果）可以将文档画面转换为艺术品。在 Office 2016 中，将这些工具与大量预置的新 Office 主题和 SmartArt® 图形布局配合使用，可以更淋漓尽致地表达出自己的想法。
>
> 协作的绩效更高 ◀—— 1️⃣
>
> 在团队工作中，大家集思广益可以获得更好的解决方案并能更快地在限期内完成工作。当使用 Microsoft® Word 2016、Microsoft PowerPoint 2016、Microsoft® Excel Web App 和 Microsoft OneNote Shared Notebooks 与其他人合作时，可以与他们同时处理一个文件，甚至可以身处各不相同的地方。
>
> **从更多地点更多设备上享受熟悉的 Office 体验**
>
> 使用 Office 2016，您可以从更多地点更多设备上更轻松地完成任务。可以在智能手机或几乎每台连接至 Internet 的计算机上，随时随地进行工作。

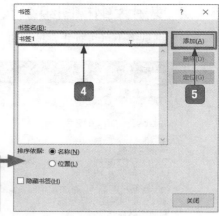

1 将光标定位在需要加入书签的地方。

2 选择【插入】选项卡。

3 单击【书签】按钮。

4 输入书签名。

5 单击【添加】按钮。

8.2.2 定位书签

添加完书签，怎么转到书签的位置呢？还记得【添加】下面的【定位】吗？

没错，单击【定位】按钮就能到书签对应的位置。

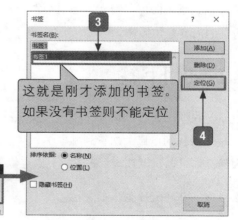

这就是刚才添加的书签。
如果没有书签则不能定位

1 选择【插入】选项卡。

2 单击【书签】按钮。

3 选择要找的书签。

4 单击【定位】按钮。

5 页面又回到了刚才插入书签的位置。

更直观地表达想法

Office 2016 开创了一些设计方法，让用户可以将想法生动地表达出来。使用新增的和改进的图片格式工具（例如，颜色饱和度和艺术效果）可以将文档画面转换为艺术品。在 Office 2016 中，将这些工具与大量预置的新 Office 主题和 SmartArt® 图形布局配合使用，可以更淋漓尽致地表达出自己的想法。

协作的绩效更高

在团队工作中，大家集思广益可以获得更好的解决方案并能更快地在限期内完成工作。当使用 Microsoft® Word 2016、Microsoft PowerPoint 2016、Microsoft® Excel Web App 和 Microsoft OneNote Shared Notebooks 与其他人合作时，可以与他们同时处理一个文件，甚至可以身处各不相同的地方。

从更多地点更多设备上享受熟悉的 Office 体验

使用 Office 2016，您可以从更多地点更多设备上更轻松地完成任务，可以在智能手机或几乎每台连接至 Internet 的计算机上，随时随地进行工作。

8.2.3 编辑书签

当不需要书签时，就可以删除它。

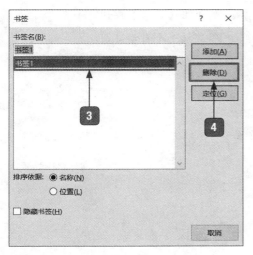
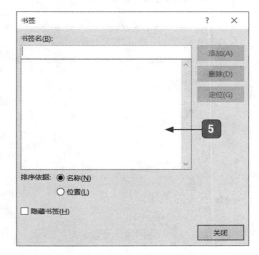

1️⃣ 选择【插入】选项卡。

2️⃣ 单击【书签】按钮。

3️⃣ 选择要删除的书签。

4️⃣ 单击【删除】按钮。

5️⃣ 删除之后就没有书签了，如果需要就需要再添加。

8.3 创建目录

小白：写个漂亮的目录好难啊！光打……就好累，还总是对不齐……

大神： 哈哈，目录可不是手动敲进去的，目录是自动生成的。

8.3.1 创建文档目录

文档没有目录时，将光标定位在需要插入目录的地方。

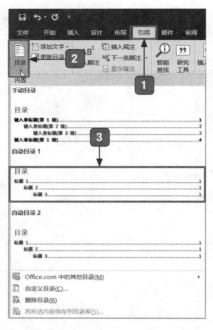

1 选择【引用】选项卡。

2 单击【目录】按钮。

3 选择一个自动目录。

看看下面的效果。

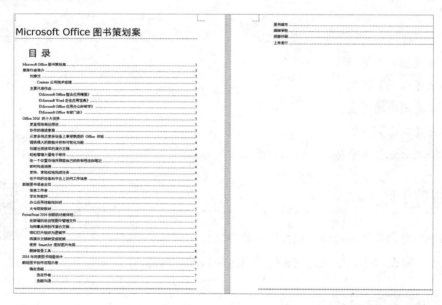

8.3.2 更新文档目录

在插入目录后，可能还会修改文章内容。这可能导致目录与文章不符，这时候就需要更新目录！

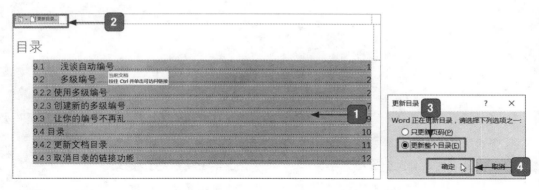

1 选择目录。

2 单击【更新目录】按钮。

3 选中【更新整个目录】单选按钮。

4 单击【确定】按钮。

大神：记得文档修改完成后更新一下目录，不然就会出错！

小白：谨记大神教诲！

大神：另外告诉你一个小秘密。按住【Ctrl】键单击目录就可以跳转到目录对应的内容页面。

小白：图片上都显示了，还秘密呢！

8.3.3 取消目录的链接功能

还记得目录的链接功能吗？目录的链接功能也是可以取消的！

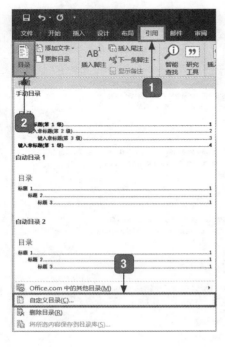

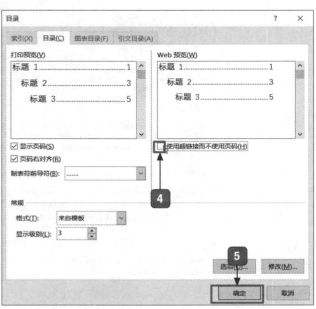

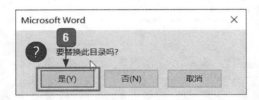

1 选择【引用】选项卡。

2 单击【目录】按钮。

3 选择【自定义目录】选项。

4 取消选中【使用超链接而不使用页码】复选框。

5 单击【确定】按钮。

6 单击【是】按钮。

8.4 创建和设置索引功能

小白：我今天在一本书上看到它的最后面有一份索引，你知道那个是怎么弄的吗？

大神：知道，在一些专业性比较强的书上基本上都有索引。索引是把文章中一些重难点词汇整理在一起，并标明出现的页数，方便读者快速找到这些词汇！

8.4.1 标记索引项

创建索引的第一步就是标记索引项，简单说就是：你想让哪些词汇出现在你的索引目录中。

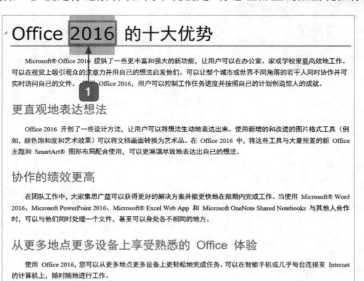

1️⃣ 选中要添加的索引项。

2️⃣ 选择【引用】选项卡。

3️⃣ 单击【标记索引项】按钮。

4️⃣ 在弹出的【标记索引项】对话框中单击【标记全部】按钮。

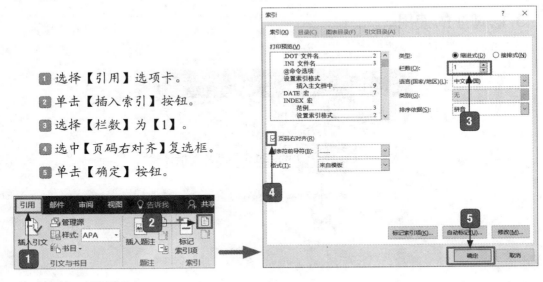

大神：单击【标记全部】按钮会将整篇文档所有的"2016"都标记为索引项，而单击【标记】按钮只会标记你选中的那一个！

8.4.2 标记索引目录

在标记完索引项之后就可以插入索引目录了，将光标移动到文章末尾。

1️⃣ 选择【引用】选项卡。

2️⃣ 单击【插入索引】按钮。

3️⃣ 选择【栏数】为【1】。

4️⃣ 选中【页码右对齐】复选框。

5️⃣ 单击【确定】按钮。

效果如下图所示。

索引

8.4.3 更新索引目录

更新索引目录与更新目录的作用是一样的，都是因为修改过后，目录与实际页码不符，需要更新一下才行。

1 选中索引目录。

2 选择【引用】选项卡。

3 单击【更新索引】按钮 。

8.5 脚注与尾注

小白：你还记得我们小学学习古诗时下面的注释吗？

大神：记得，在 Word 中称为脚注，除了脚注外，Word 还有尾注。尾注是将注释放到文章末尾。

8.5.1 脚注的使用

首先我们学习如何添加脚注。

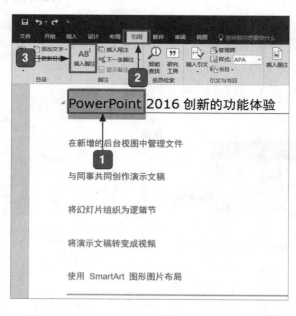

 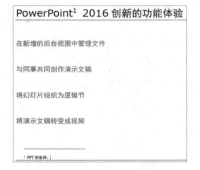

1️⃣ 选中需要添加脚注的文本。

2️⃣ 选择【引用】选项卡。

3️⃣ 单击【插入脚注】按钮。

4️⃣ 输入脚注内容。

大神： 我想大家都很好奇脚注怎么删除？其实很简单，只需要将脚注的上标删除就行！

8.5.2 尾注的使用

大神： 尾注与脚注类似，只是尾注是全部添加到文章的末尾。

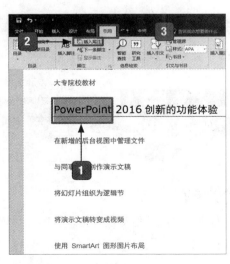

文档会自动跳转到末尾！

1 选中需要添加尾注的文本。

2 选择【引用】选项卡。

3 单击【插入尾注】按钮。

4 输入尾注内容。

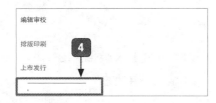

8.6 其他应用技巧

小白：除了这些外，在我们遇到长文档时，还有什么实用的功能吗？

大神：有，Word 还自带了许多实用的功能！这些功能可以帮助我们更好地完成我们的文档。

8.6.1 统计文档的字数

当我们想看看我们写的够不够 8000 字。我们该怎么办呢？

使用字数统计功能。它能清楚地显示页数、字数、字符数、段落数、行数等。

1 选择【审阅】选项卡。

2 单击【字数统计】按钮。

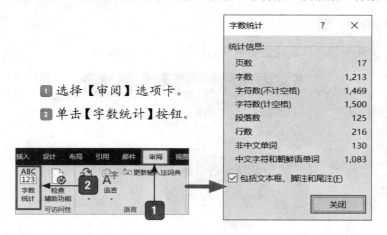

8.6.2 精准比较两个文档

小白：当我们的文档交给别人修改，但是他却没有特别注明。那该怎么办呢？

大神：这就需要使用比较功能了！

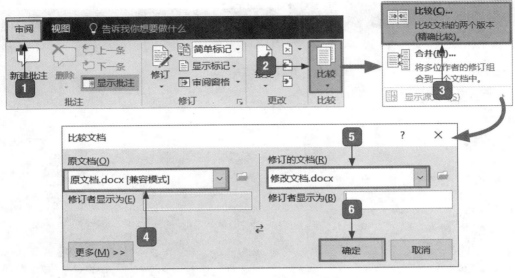

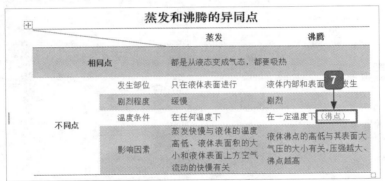

1 选择【审阅】选项卡。   5 选择修订的文档。

2 单击【比较】按钮。   6 单击【确定】按钮。

3 选中【比较】选项。   7 不同的地方会以修改的样式显示。

4 选择原文档。

8.6.3 合并多个文档

有的时候因为一篇文章太多了，可能分成了几部分，由不同的人分别完成，最后你是怎么把它们合并在一起的，还在用复制和粘贴吗？如果文档数目太多你也很烦吧！那还不学习学习文档合并。

首先打开其中一篇文档。

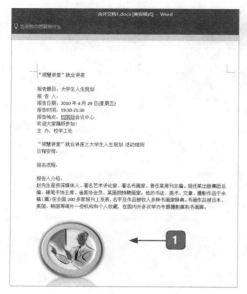

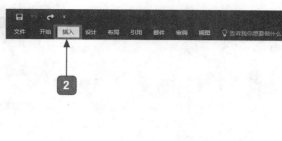

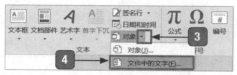

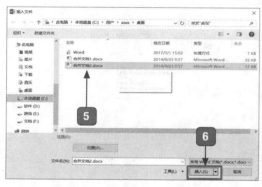

1. 将光标定位到需要插入文件的地方。

2. 选择【插入】选项卡。

3. 单击【对象】下拉按钮。

4. 选择【文件中的文字】选项。

5. 选择需要插入的文档。

6. 单击【插入】按钮。

7. 按【Ctrl+S】组合键，保存文档。

8.7 实战案例——毕业论文排版与设计

第一步：为文档选择合适的样式。

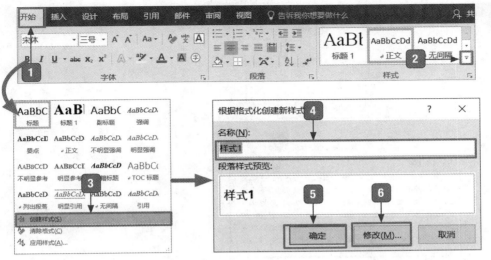

1 单击【开始】选项卡。

2 单击按钮。

3 选择【创建样式】选项。

4 输入名称。

5 单击【确定】按钮就能得到默认的新样式。

6 单击【修改】按钮。

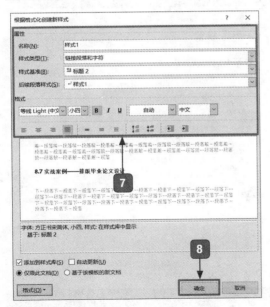

7 在此选择你想要的字体样式和格式。

8 单击【确定】按钮。

第二步：应用样式。

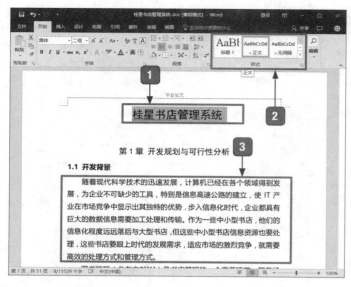

1 选中文本。

2 选择需要的样式。

3 循环步骤 1 和步骤 2，为所有文本加上样式。

小白：这样子好慢啊！

大神：真懒！试试大纲视图。分级选择文本！

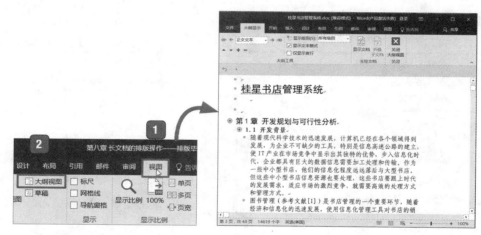

1 选择【视图】选项卡。

2 单击【大纲视图】按钮。

第三步：为文档段落选择格式。

1 选择【开始】选项卡。

2 单击【段落设置】按钮。

3 选择对齐方式。

4 设置段落的缩进和间距。

5 单击【确定】按钮。

小白：我不想这么麻烦！

大神：好吧！请忽略第三步。系统默认的格式也挺好的！

第四步：编辑页眉。

1 选择【插入】选项卡。

2 单击【页眉】按钮。

3 选择任一样式。

4 在【设计】选项卡中设计页眉。

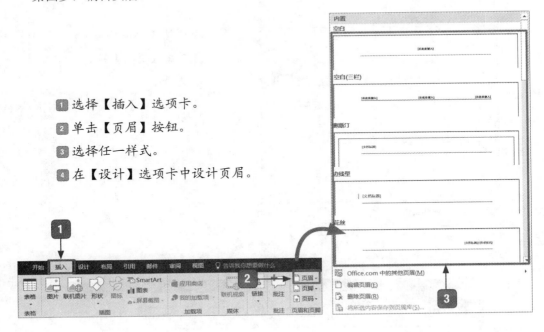

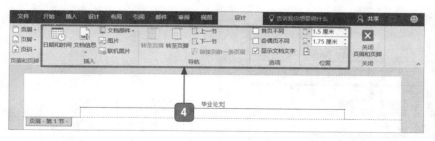

第五步：插入页码。

1 选择【插入】选项卡。

2 单击【页脚】按钮。

3 选择一种样式。

4 在【设计】选项卡中设计页脚。

第六步：添加目录。

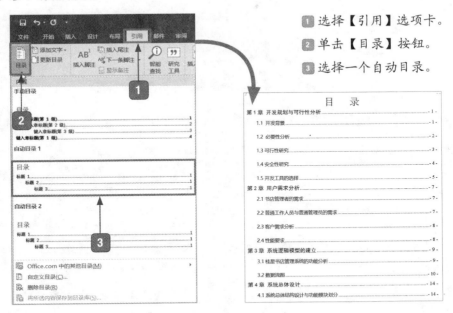

1 选择【引用】选项卡。

2 单击【目录】按钮。

3 选择一个自动目录。

痛点解析

痛点 1：怎样处理 Word 中的空白页

方法一：选中空白页的换行符和分页符后删除。

方法二：用【替换】命令中的【特殊格式】命令删除。

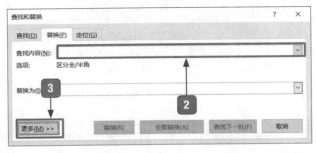

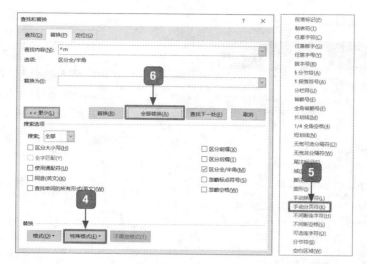

1 单击【开始】选项卡中的【替换】按钮。

2 单击输入框。

3 单击【更多】按钮。

4 单击【特殊格式】按钮。

5 选择【手动分页符】选项。

6 单击【全部替换】按钮。

方法三：将光标定位到空白页前一页的最后按【Delete】键。

方法四：当空白页是由于图片或表格太大造成的，就可以缩小图片或表格，这样空白页就自动消失了！

痛点2：解决目录"错误！未定义书签"问题

你的目录有没有出现下面这种情况？

当你的目录出现上图这种情况，原因很可能是原标题的样式被更改了！

改正方法有以下两种。

方法 1

方法 2

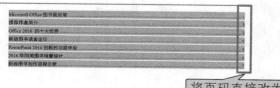

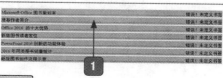

将页码直接改为正确的

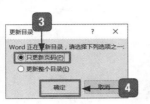

① 选中目录并右击。

② 选择【更新域】选项。

③ 选中【只更新页码】单选按钮。

④ 单击【确定】按钮。

效果如下图所示。

大神支招

问：遇到重要的纸质资料时，如何才能快速地将重要资料电子化至手机中使用？

纸质资料电子化就是通过拍照、扫描、录入或 OCR 识别的方式将纸质资料转换成图片或文字等电子资料进行存储的过程。这样更有利于携带和查询。在没有专业的工具时，可以使用一些 APP 将纸质资料电子化，如印象笔记 APP 也可以使用其扫描摄像头对文档进行拍照并进行专业的处理，处理后的拍照效果更加清晰。

1 点击【新建】按钮。

2 在出现的界面中点击【拍照】按钮。

3 对准要拍照的资料。

4 印象笔记会自动分析并拍照，完成电子化操作。

5 点击【另存为】下的下拉按钮。

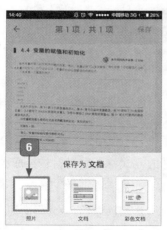

6 在出现的页面中选择【照片】类型。

7 点击【我的第一笔记本】图标。

8 点击【新建笔记本】按钮。

9 输入笔记本名称。

10 点击【好】按钮。

11 输入笔记标签名称。

12 点击【确认】按钮，完成保存操作。

第9章

检查和审阅文档——多人协作处理工作报告

>>> 你知道为什么有些文字下面有波浪线吗？

>>> 你还在一个一个地修改犯了很多次的同样的错误吗？

>>> 如果你给别人修改了文档，那别人怎么知道你修改了哪些内容呢？

>>> 如果别人不让你直接修改他的文档，而只是让你给一个意见，你该如何做呢？

带着这些问题，来看看如何检查和审阅文档吧！

9.1 检查拼写和语法错误

小白：我的文档中间有许多的英文，可我不知道拼写对不对。

大神：让 Word 帮帮你吧！我们以"We are family"为例看一看。

9.1.1 自动拼写和语法检查

在输入文本时，很难保证输入文本的拼写、语法都完全正确。因此，输入后不得不花很大的精力核对，查找并改正错误。Word 2016 为用户提供了一个很好的拼写和语法检查功能，可以在输入文本的同时检查错误，实时校对，为提高输入的正确性提供了很好的帮助。

第一步：选择自动拼写和语法检查项。

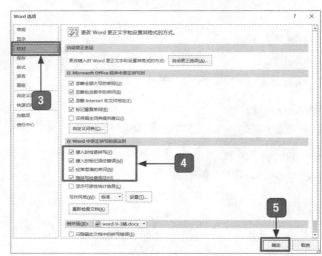

1 选择【文件】选项卡。　　4 选中这 4 个复选框。

2 选择【选项】选项。　　5 单击【确定】按钮。

3 选择【校对】选项卡。

第二步：对文档进行检查。

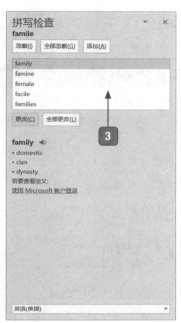

1 选择【审阅】选项卡。

2 单击【拼写和语法】按钮。

3 系统提示错误。

9.1.2 自动处理错误

您要是觉得 Word 只会发现错误，那您就太小看 Word 了，它还可以更正错误。

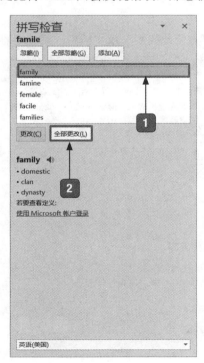

1 选中正确的单词。

2 单击【全部更改】按钮。

9.1.3 自动更改字母大小写

Word 2016 也能自动更改字母的大小写呢。

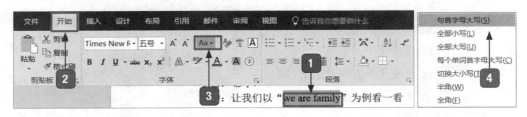

1️⃣ 选中所需文本。

2️⃣ 选择【开始】选项卡。

3️⃣ 单击【更改大小写】按钮。

4️⃣ 选择所需格式。

9.2 查找与替换

小白：我想找到我的文档中"查找"都在哪里出现过，可是文档太长了。

大神：使用查找功能啊！它能快速找到文档中的所有"查找"。

小白：能不能将文档中的"查找"都改成"替换"。

大神：替换就能实现该功能。

9.2.1 使用查找功能

Word 2016 提供了查找功能，可以让我们很方便地找到一篇文档中的某些内容。例如，下面的文档，如果想查找"心"字。

> 心态好，人缘好，因为懂得宽容;心态好，做事顺利，因为不拘小节;心态好，生活愉快，因为懂得放下。别让脾气和本事一样大，越有本事的人越没脾气。心态好的人，处处圆融，处处圆满。好的心态，能激发人生最大的潜能，是你最大的财富。

单击【开始】选项卡【编辑】组中的【查找】按钮。

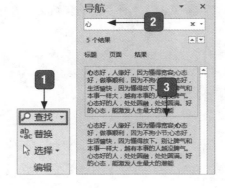

1️⃣ 单击【查找】按钮。

2️⃣ 输入"心"。

3️⃣ 显示结果，其中对应的"心"字已加粗。

编辑区就变成如下图所示的效果，突出显示了所有的"心"字。

> 心态好，人缘好，因为懂得宽容;心态好，做事顺利，因为不拘小节;心态好，生活愉快，因为懂得放下。别让脾气和本事一样大，越有本事的人越没脾气。心态好的人，处处圆融，处处圆满。好的心态，能激发人生最大的潜能，是你最大的财富。↵

9.2.2 使用替换功能

在找到错误后，可以利用替换功能进行批量修改。看下面这个例子，我想把"心态"全部换成"心態"。

> 心态好，人缘好，因为懂得宽容;心态好，做事顺利，因为不拘小节;心态好，生活愉快，因为懂得放下。别让脾气和本事一样大，越有本事的人越没脾气。心态好的人，处处圆融，处处圆满。好的心态，能激发人生最大的潜能，是你最大的财富。↵

单击【开始】选项卡【编辑】组中的【替换】按钮。

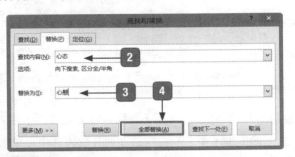

提示：
　　系统都是从光标所在位置开始替换，所以，替换结束后，系统询问是否需要从头继续搜索。

1 单击【替换】按钮。

2 输入"心态"。

3 输入"心態"。

4 单击【全部替换】按钮。

5 系统提示替换了 4 处，问是否从头继续搜索，单击【是】按钮。

6 最终一共替换了 5 处，单击【确定】按钮。

下面是替换后的效果。

心态好，人缘好，因为懂得宽容;心态好，做事顺利，因为不拘小节;心态好，生活愉快，因为懂得放下。别让脾气和本事一样大，越有本事的人越没脾气。心态好的人，处处圆融，处处圆满。好的心态，能激发人生最大的潜能，是你最大的财富。

9.2.3 查找和替换的高级应用

你要是觉得替换就是更换几个文字，那就太小看它了。

1. 给替换的结果添加特殊格式

我想把下面文档中的"您"字全部加粗，并将文字设定为红色。

位置对于某些类型的企业来说至关重要，而对其他类型的企业而言则不是那么重要。
如果您的企业不需要考虑特定的位置，这可能是一个优势，应在此处明确地说明。
如果您已经选择位置，请描述要点。您可以使用下一项中概括的因素作为指导，或者介绍对您的企业来说十分重要的其他因素。
如果您尚未确定位置，请描述确定某个地点是否适合您的企业的主要标准。
考虑以上示例（请注意，这不是一份详尽的清单，您可能还有其他考虑事项）：
您在寻找什么样的场所，地点在哪里？从市场营销角度来讲，有没有一个特别理想的区域？必须要在第一层楼吗？如果答案是肯定的，那么您的企业必须处在公共交通便利的地带吗？
如果您正在考虑某个特定的地点或者正在对比几个地点，下面几点可能很重要：交通是否便利？停车设施是否完善？街灯是否足够？是否靠近其他企业或场地（可能会对吸引目标客户有所帮助）？如果是一个店面，它够不够引人注意，或者必须怎么做才能使它吸引目标客户的注意？
如果可以为您的企业建立标识 本地法令中是否有可能对您有负面影响的规定？哪种类型的标识最能满足您的要求？您是否将标识成本纳入了启动成本费用？

打开【查找和替换】对话框，在【查找内容】文本框中输入"您"，在【替换为】文本框中也输入"您"。单击【更多】按钮，在展开的内容中，单击【格式】按钮。

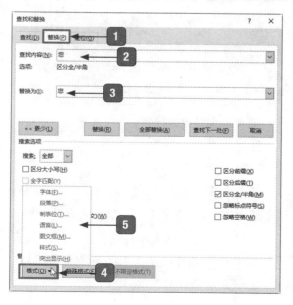

1 选择【替换】选项卡。

2 输入"您"。

3 输入"您"。

4 单击【格式】按钮。

5 选择需要替换的选项。

在弹出的【格式】菜单中，选择【字体】选项，打开【替换字体】对话框，在【字形】文本框中选择【加粗】选项。将【字体颜色】设置为【红色】。

6 选择【加粗】选项。　　　　　　　　　　　8 单击【确定】按钮。

7 选择【红色】。　　　　　　　　　　　　　9 单击【全部替换】按钮。

效果如下图所示。

> 位置对于某些类型的企业来说至关重要，而对其他类型的企业而言则不是那么重要。↓
> 如果您的企业不需要考虑特定的位置，这可能是一个优势，应在此处明确地说明。↓
> 如果您已经选择位置，请描述要点。您可以使用下一项中概括的因素作为指导，或者介绍您的企业来说十分重要的其他因素。↓
> 如果您尚未确定位置，请描述确定某个地点是否适合您的企业的主要标准。·↓
> 考虑以上示例（请注意，这不是一份详尽的清单，您可能还有其他考虑事项）：↵
> 您在寻找什么样的场所，地点在哪里？从市场营销角度来讲，有没有一个特别理想的区域？必须要在第一层楼吗？如果答案是肯定的，那么您的企业必须处在公共交通便利的地带吗？↓
> 如果您正在考虑某个特定的地点或者正在对比几个地点，下面几点可能很重要：交通是否便利？停车设施是否完善？街灯是否足够？是否靠近其他企业或场地（可能会对吸引目标客户有所帮助）？如果是一个店面，它够不够引人注意，或者必须怎么做才能使它吸引目标客户的注意？↓
> 如果可以为您的企业建立标识：本地法令中是否有可能对您有负面影响的规定？哪种类型的标识最能满足您的要求？您是否将标识成本纳入了启动成本中费用？↵

2. 替换文本中的特殊格式

细心的你会发现，上面的文档中有很多 ↓，它们的存在严重影响了你的排版，现在的问题是如何把 ↓ 全部改成 ↵ 呢。打开【查找和替换】对话框。光标定位在【查找内容】文本框，单击【更多】按钮，再单击【特殊格式】按钮。

233

在弹出的菜单中，选择【手动换行符】选项。

然后在【替换为】文本框中输入"段落标记"。单击【全部替换】按钮，得到如下图所示的结果，原文中已替换 6 处。

位置对于某些类型的企业来说至关重要，而对其他类型的企业而言则不是那么重要。
如果您的企业不需要考虑特定的位置，这可能是一个优势，应在此处明确地说明。
如果您已经选择位置，请描述要点。您可以使用下一项中括起的因素作为指导，或者介绍对您的企业来说十分重要的其他因素。
如果您尚未确定位置，请描述确定某个地点是否适合良好的企业的主要标准。
考虑以上示例（请注意，这不是一份详尽的清单，您可能还有其他考虑事项）：
您在寻找什么样的场所，地点在哪里？从市场营销角度来讲，有没有一个特别理想的区域？必须要在第一层楼吗？如果答案是肯定的，那么您的企业必须就在公共交通便利的地带吗？
如果您正在考虑某个特定的地点或者正在对比几个地点，下面几点可能很重要：交通是否便利？停车设施是否完善？街灯是否足够？是否靠近其他企业或场地（可能会对吸引目标客户有所帮助）？如果是个店面，它够不够引人注意，或者必须怎么做才能使它吸引目标客户的注意？
如果您可以为您的企业建立标识：本地法令中是否有可能对您有负面影响的规定？哪种类型的标识最能满足您的要求？您是否将标识成本纳入了启动成本或成本费用中？

3.去掉文本中多余的空格

先看下面这篇文档。你会发现里面有太多的空格，很混乱，如果想删除里面的空格，可是又不想一个一个删除。那怎么办呢？还是查找替换来帮忙。

狮子座男性
狮子男热情澎湃，他绝不认输、永不言败，有一颗生命不息、奋斗不止的火热的心。他拥有超强的自信心，哪怕是出身贫寒，也保持着不可侵犯的尊严。他还有倔强的韧性，对自己的想法坚信不疑，性十足。狮子男会掩饰自己的性格，他崇尚的是光明磊落，所以他们一点都不复杂，也不会隐藏什么。他非常乐观，总是积极向上，人生中小小的挫折不会影响他前进的脚步。他明白事理，注重道义，他喜欢用激烈的方式解决问题，和这样的人相处你会不明白他那源源不断的自信到底来自哪里，但还是会被他那股说不出来的霸气所征服。

打开【查找和替换】对话框，在【查找内容】文本框中输入一个空格，在【替换为】文本框中什么都不输。

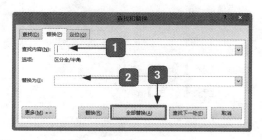

1 输入空格。

2 什么都不输入。

3 单击【全部替换】按钮。

然后，单击【全部替换】按钮，接着，文档就变成如下图所示这样了。

狮子座男性
狮子男热情澎湃，他绝不认输、永不言败，有一颗生命不息、奋斗不止的火热的心。他拥有超强的自信心，哪怕是出身贫寒，也保持着不可侵犯的尊严。他还有倔强的韧性，对自己的想法坚信不疑，性十足。狮子男会掩饰自己的性格，他崇尚的是光明磊落，所以他们一点都不复杂，也不会隐藏什么。他非常乐观，总是积极向上，人生中小小的挫折不会影响他前进的脚步。他明白事理，注重道义，他喜欢用激烈的方式解决问题，和这样的人相处你会不明白他那源源不断的自信到底来自哪里，但还是会被他那股说不出来的霸气所征服。

9.3 批注文档

小白：当我想给别人的文档提一些意见，我应该写在哪儿呢？

大神：你可以使用批注。

小白：使用批注，别人能够明显看到吗？

大神：能够明显看到。而且还能看出是谁写的！

小白：那要是许多人都在同一文档批注会不会很乱？

大神：不会，不同的人的批注颜色是不一样的。

9.3.1 添加批注

如何添加批注呢？看看下面这篇文档，如果您觉得繁体字看着不舒服，那就给个批注吧。

1 选择【审阅】选项卡。

2 单击【新建批注】按钮。

然后就可以看到添加批注的效果了。

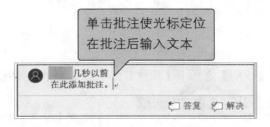

9.3.2 编辑批注

打开批注窗口后就可以输入了，其实很简单。

> 单击批注使光标定位
> 在批注后输入文本

你知道吗？在你给出批注之后，其他人是可以答复的哦！

235

1 选择你要答复的批注。

3 在你的批注里输入内容。

2 单击【答复】按钮。

在问题得到解决之后怎么标记呢？单击【解决】按钮即可！

> **提示:**
> 单击【解决】按钮后批注会以暗色模糊显示。表示该批注已被解决。

批注被解决后仍然可以答复，而且可以重新被打开。

这样就又可以再次编辑了。

9.3.3 查看批注

别人给你的文档做了批注，你当然要查看，查看批注按照下面的步骤操作。

1 选择【审阅】选项卡。

2 单击【显示批注】按钮。

9.3.4 删除批注

选中批注后，单击【审阅】选项卡【批注】组中的【删除】按钮。

1 选择【审阅】选项卡。

2 单击【删除】按钮。

> **提示：**
> 单击【删除】下拉按钮，可选择删除单个批注或全部批注。

9.4 修订文档

小白：我想给别人的文档修改一下，怎样能让他轻易看到呢？

大神：你可以使用修订文档功能。

小白：那文档修改后能不能也像批注一样显示不同的颜色啊？

大神：能啊！而且使用修订功能后别人很容易改正。

9.4.1 使用修订

修订模式的使用很简单，只要打开修订模式就可以了。

1 选择【审阅】选项卡。

2 单击【修订】按钮，开始修订。

3 删除了"心态"，添加了"心态"。

4 注意这条竖线，表示此处有修订。

9.4.2 接受修订

看到别人的修订，可以根据实际情况来决定是否接受他的修订。

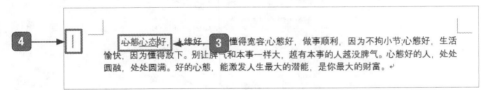

单击【审阅】选项卡【更改】组中的【接受】按钮。

 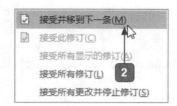

1 单击【接受】下拉按钮。

2 选择【接受并移到下一条】选项。

提示:

如果修订都可以接受，就选择【接受所有修订】选项。

接受后，就是下面的效果。

> 心态好，人缘好，因为懂得宽容;心態好，做事顺利，因为不拘小节;心態好，生活愉快，因为懂得放下。别让脾气和本事一样大，越有本事的人越没脾气。心態好的人，处处圆融，处处圆满。好的心態，能激发人生最大的潜能，是你最大的财富。

9.4.3 拒绝修订

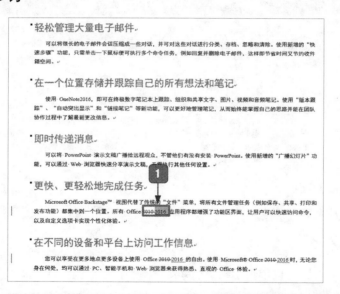

1 选中修订。

2 选择【审阅】选项卡。

3 单击【拒绝】按钮。

拒绝修订后的效果如下图所示。

9.4.4 设置修订样式

1 选择【审阅】选项卡。   4 选择样式。

2 单击按钮 。   5 单击【确定】按钮。

3 单击【高级选项】按钮。

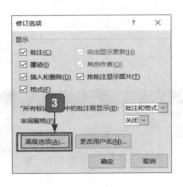

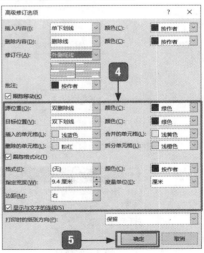

9.5 实战案例——多人协作处理工作报告

工作报告在日常工作中是非常重要的，所以，在通常情况下都需要两人以上过目才能保证工作报告的准确性。

工作报告

从二月份入厂以来，我们制定了 3 个百日计划。在大家的共同努力下取得了极大的改善，具体工作如下：

1、工程的改建

结合现有的生产工艺，整合原来的实施方案，在保证可行、实用的前提下，实现生产线合理化、简单化、流程化、使得生产不仅快捷而且安全得到有效的保障。

2 改进使用工艺

改进使用工艺、提升品质品质，始终作为生产部门的重要工作，定期组织研讨会，加强员工沟通，加快思想观念改变，做到推旧出新。
1）把油漆产品内室改为三胺板，节省了材料成本，减少油磨瓶颈工序压力，提高生产效率。
2）贴纸美观度得到提升，产品细节方面也得到提升，提高了产品的品质和档次。

3 加强管理建设

1.规划整体区域，落实各个责任，增加两个宣传栏、丰富员工文化；
2.安装新的 LED 视频，加注车间的警示线、20000 平米绿色通道建设、规范工序标识、安全标识和产品标识。
3.花费了 200 个工天，整理车间、返修库存不良品，处理呆滞品，60 个立方的余料整合利用规划公司的生产车间，使公司的形象得到提升、、

4、加强制度管理

1）执行 6S 标准，推行【7S 管理】，建立 7S 考评细则，划分区域，实行"谁主管谁负责"的管理的办法，加大奖惩力度，提高员工的自律性，使制度得到落实。
2）"品质成本是生产中心的最大成本"，是我们坚持的理念，组建品管部门，制定公司品质检测体系，汇总产品的质量投诉分析。使得产品的质量事故得到有效控制，出厂的产品投诉下降，向未来零投诉目标迈进。
面对困难，总经办会在经营与管理上从新定位，只要大家有了信心和决心，这些困难都是暂时的，而关键是更新观念、实施的=措施得当和团队合作问题。现在我们要面对现实、集策集力、脚踏实地、认真务实、步步为赢，那么就没有做不好的事情和解决不了的难题。争取在鸡年之际努力转变发展模式、推进公司升级和转型，在积极挑战困难的同时，为寻找更广阔的空间而努力！

上图是一篇工作报告，下面小美和小帅进行协作对文档进行处理。

小帅先对报告进行处理。

第一步：进入修订模式。

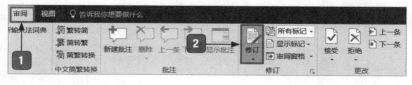

1 选择【审阅】选项卡。

2 单击【修订】按钮，进入修订模式。

第二步：检查拼写和语法错误。

单击【审阅】选项卡【校对】组中的【拼写和语法】按钮。

■2 改进使用工艺·

改进使用工艺、提升品质总质，始终作为生产部门的重要工作，定期组织研讨会，加强员工沟通，加快思想观念改变，做到推旧出新。

1) 把油漆产品内堂改为三胺板，节省了材料成本，减少油磨瓶颈工序压力，提高生产效率。

2) 贴纸美观度得到提升，产品细节方面也得到提升，提高了产品的品质和档次。

■3· 加强管理建设·

1.规划整体区域，落实各个责任，增加两个宣传栏，丰富员工文化；

2.安装新的 LED 视频，加注车间的警示线、20000 平米绿色通道建设、规范工序标识、安全标识和产品标识。

3.花费了 200 个工天，整理车间、返修库存不良品，处理呆滞品，60 个立方的余料整合利用,规划公司的生产车间，使公司的形象得到提升。

■4、加强制度管理·

1) 执行 6S 标准，推行【7S 管理】，建立 7S 考评细则，划分区域，实行"谁主管谁负责"的管理的办法，加大奖惩力度，提高员工的自律性，使制度得到落实。

2) "品质成本是生产中心的最大成本"，是我们坚持的理念，组建品管部门，制定公司品质检测体系，汇总产品的质量投诉分析。使得产品的质量事故得到有效控制，出厂的产品投诉下降，向未来零投诉目标迈进。

面对困难，总经办会在经营与管理上从新定位，只要大家有了信心和决心，这些困难都是暂时的，而关键是更新观念、实施的=措施得当和团队合作问题。现在我们要面对现实，集策集力、脚踏实地、认真务实、步步为赢，那么就没有做不好的事情和解决不了的难题，争取在鸡年之际努力转变发展模式，推进公司升级和转型，在积极挑战困难的同时，为寻找更广阔的空间而努力！

■4、加强制度管理·

1) 执行 6S 标准，推行【7S 管理】，建立 7S 考评细则，划分区域，实行"谁主管谁负责"的管理的办法，加大奖惩力度，使制度得到落实。

品质成本是生产中心的最大成本，是我们坚持的理念，组建品管部门，制定公司品质检测体系，汇总产品的质量投诉分析。使得产品的质量事故得到有效控制，出厂的产品投诉下降，向未来零投诉目标迈进。

面对困难，总经办会在经营与管理上从新定位，只要大家有了信心和决心，这些困难都是暂时的，而关键是更新观念、实施的=措施得当和团队合作问题。现在我们要面对现实，集策集力、脚踏实地、认真务实、步步为赢，那么就没有做不好的事情和解决不了的难题，争取在鸡年之际努力转变发展模式，推进公司升级和转型，在积极挑战困难的同时，为寻找更广阔的空间而努力！

① 单击下方出现红色波浪线的文本。

② 查看此处显示的错误类型，判断需要更改。

③ 删除"品质"。

④ 单击下方出现蓝色双横线的文本。

⑤ 查看此处显示的错误类型，判断不需要更改。

⑥ 单击【忽略】按钮。

■2 改进使用工艺·

改进使用工艺、提升品质品质，始终作为生产部门的重要工作，定期组织研讨会，加强员工沟通，加快思想观念改变，做到推旧出新。

1) 把油漆产品内堂改为三胺板，节省了材料成本，减少油磨瓶颈工序压力，提高生产效率。

2) 贴纸美观度得到提升，产品细节方面也得到提升，提高了产品的品质和档次。

■3· 加强管理建设·

1.规划整体区域，落实各个责任，增加两个宣传栏，丰富员工文化；

2.安装新的 LED 视频，加注车间的警示线、20000 平米绿色通道建设、规范工序标识、安全标识和产品标识。

3.花费了 200 个工天，整理车间、返修库存不良品，处理呆滞品，60 个立方的余料整合利用规划公司的生产车间，使公司的形象得到提升。

■4、加强制度管理·

1) 执行 6S 标准，推行【7S 管理】，建立 7S 考评细则，划分区域，实行"谁主管谁负责"的管理的办法，加大奖惩力度，提高员工的自律性，使制度得到落实。

2) "品质成本是生产中心的最大成本"，是我们坚持的理念，组建品管部门，制定公司品质检测体系，汇总产品的质量投诉分析，使得产品的质量事故得到有效控制，出厂的产品投诉下降，向未来零投诉目标迈进。

面对困难，总经办会在经营与管理上从新定位，只要大家有了信心和决心，这些困难都是暂时的，而关键是更新观念、实施的=措施得当和团队合作问题。现在我们要面对现实，集策集力、脚踏实地、认真务实、步步为赢，那么就没有做不好的事情和解决不了的难题，争取在鸡年之际努力转变发展模式，推进公司升级和转型，在积极挑战困难的同时，为寻找更广阔的空间而努力！

第三步：修改内容。

直接在文档中进行修改，修改内容会以特殊颜色显示。

工 作 报 告

从二月份入厂以来，我们制定了 3 个百日计划。在大家的共同努力下取得了极大的改善，具体工作如下：

1、工程的改建

结合现有的生产工艺，整合原来的实施方案，在保证可行、实用的前提下，实现生产线合理化、简单化、流程化、使得生产不仅快捷而且安全得到有效的保障。

2改进使用工艺

改进现在使用的工艺，提升品质品质，始终作为生产部门的重要工作，定期组织研讨会，加强员工沟通，加快思想观念承转变，做到推旧出新。
1）把油漆产品内壁改为三胺板，节省了材料成本，减少油磨瓶颈工序压力，提高生产效率。
2）贴纸美观度得到提升，产品细节方面也得到提升，提高了产品的品质和档次。

3 加强管理建设

1）规划整体区域，落实各个责任，增加两个公司宣传栏、丰富员工文化；
2）安装新的 LED 视频屏器，加注车间的警示线、20000 平米绿色通道建设、规范工序标识、安全标识和产品标识。
3）花费了 200 个工天，整理车间、返修库存不良品，处理采滞品，60 个立方的余料整合利用规划的生产车间，使公司的形象得到提升。

4、加强制度管理

1）执行 6S 标准，推行【7S 管理】，建立 7S 考评细则，划分区域，实行"谁主管谁负责"的管理的办法。加大奖惩力度，提高员工的自律性，使制度得到落实。
2）"品质成本是生产中心的最大成本"，是我们坚持的理念，组建品管部门，制定公司品质检测体系，汇总产品的质量投诉分析。使得产品的质量事故得到有效控制，出厂的产品投诉下降，向未来零投诉目标迈进。
面对困难，总经办会在经营与管理上从新定位，只要大家有了信心和决心，这些困难都是暂时的，而关键是更新观念、实施的一措施得当和团队合作问题。现在我们要面对现实、集聚集力、脚踏实地、认真务实、步步为赢，那么就没有做不好的事情和解决不了的难题，争取在鸡年之际为切转变发展模式、推进公司升级和转型，在积极挑战困难的同时，为寻找更广阔的空间而努力！

第四步：添加批注。

第五步：保存文档。

小美最后对报告进行处理。

第六步：接受或拒绝修订。

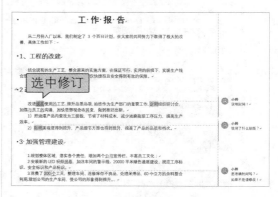

单击【审阅】选项卡【更改】组中的【接受】按钮。

重复第六步直到所有修订更改完成。

工 作 报 告

从二月份入厂以来，我们制定了 3 个百日计划，在大家的共同努力下取得了极大的改善，具体工作如下：

1、工程的改建

结合现有的生产工艺，整合原来的实施方案，在保证可行、实用的前提下，实现生产线合理化、简单化、流程化、使得生产不仅快捷而且安全得到有效的保障。

2改进使用工艺

改进现在使用的工艺，提升品质品质，始终作为生产部门的重要工作，定期组织研讨会，加强员工沟通，加快思想观念承转变，做到推旧出新。
1）把油漆产品内壁改为三胺板，节省了材料成本，减少油磨瓶颈工序压力，提高生产效率。
2）贴纸美观度得到提升，产品细节方面也得到提升，提高了产品的品质和档次。

3 加强管理建设

1）规划整体区域，落实各个责任，增加两个公司宣传栏、丰富员工文化；
2）安装新的 LED 屏器，加注车间的警示线、20000 平米绿色通道建设、规范工序标识、安全标识和产品标识。
3）花费了 200 个工天，整理车间、返修库存不良品，处理采滞品，60 个立方的余料整合利用规划的生产车间，使公司的形象得到提升。

4、加强制度管理

1）执行 6S 标准，推行【7S 管理】，建立 7S 考评细则，划分区域，实行"谁主管谁负责"的管理的办法。加大奖惩力度，提高员工的自律性，使制度得到落实。
2）花费了"品质成本是生产中心的最大成本"，是我们坚持的理念，组建品管部门，制定公司品质检测体系，汇总产品的质量投诉分析。使得产品的质量事故得到有效控制，出厂的产品投诉下降，向未来零投诉目标迈进。
面对困难，总经办会在经营与管理上从新定位，只要大家有了信心和决心，这些困难都是暂时的，而关键是更新观念、实施的一措施得当和团队合作问题。现在我们要面对现实、集聚集力、脚踏实地、认真务实、步步为赢，那么就没有做不好的事情和解决不了的难题，争取在鸡年之际为切转变发展模式、推进公司升级和转型，在积极挑战困难的同时，为寻找更广阔的空间而努力！

第七步：解决批注。

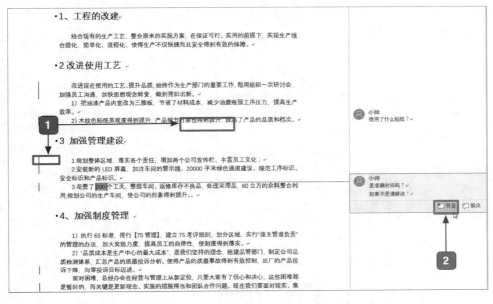

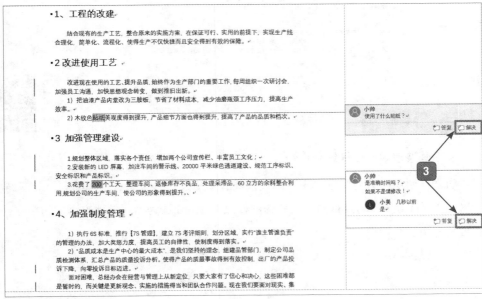

1 解决提出的问题。

2 单击【答复】按钮，回复提出的问题。

3 单击【解决】按钮。

单击【审阅】选项卡【批注】组中的【删除】下拉按钮，在弹出的菜单中选择【删除文档中的所有批注】选项。

工 作 报 告

从二月份入厂以来，我们制定了 3 个百日计划。在大家的共同努力下取得了极大的改善，具体工作如下：

1、工程的改建

结合现有的生产工艺、整合原来的实施方案，在保证可行、实用的前提下，实现生产线合理化、简单化、流程化、使得生产不仅快捷而且安全得到有效的保障。

2 改进使用工艺

改进现在使用的工艺，提升品质，始终作为生产部门的重要工作，每周组织一次研讨会，加强与员工的沟通，加快思想观念转变，做到推旧出新。
1) 把油漆产品内堂改为三胺板，节省了材料成本，减少油磨瓶颈工序压力，提高生产效率。
2) 木纹色贴纸美观度得到提升，产品细节方面也得到提升，提高了产品的品质和档次。

3 加强管理建设

1.规划整体区域，落实各个责任，增加两个公司宣传栏、丰富员工文化。
2.安装新的 LED 屏幕，加注车间的警示线、20000 平米绿色通道建设、规范工序标识、安全标识和产品标识。
3.花费了 200 个工天，整理车间、返修库存不良品，处理呆滞品，60 立方的余料整合利用，规划公司的生产车间，使公司的形象得到提升。

4、加强制度管理

1) 执行 6S 标准，推行【7S 管理】，建立 7S 考评细则，划分区域，实行"谁主管谁负责"的管理办法，加大奖惩力度，提高员工的自律性，使制度得到落实。
2) "品质成本是生产中心的最大成本"，是我们坚持的理念，组建品管部门，制定公司品质检测体系，汇总产品的质量投诉分析。使得产品的质量事故得到有效控制，出厂的产品投诉下降，向零投诉目标迈进。
面对困难，总经办会在经营与管理上从新定位，只要大家有了信心和决心，这些困难都是暂时的，而关键是更新观念、实施的措施得当和团队合作问题。现在我们要面对现实、集策集力、脚踏实地、认真务实、步步为赢，那么就没有不好的事情和解决不了的难题，争取在鸡年之际努力转变发展模式，推进公司升级和转型、在积极挑战困难的同时，为寻找更广阔的空间而努力！

好了，大功告成！

痛点解析

痛点：解决下画波浪线和双横线

小白：我的文档明明没有对文字使用下画波浪线和双横线，它是怎么出现的？

大神：这是由于 Word 自动进行的拼写和语法检查对 Word 认为错误的地方添加的标注。

小白：可是明明没有错误！

大神：Word 只是提醒你一下。

小白：那怎么去掉呢？

大神：忽略就行了！

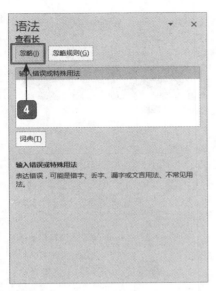

1. 将光标定位在出现下画波浪线和双横线的地方。

2. 选择【审阅】选项卡。

3. 单击【拼写和语法】按钮。

4. 单击【忽略】按钮。

![大神支招]

问：手机办公时，如果出现文档打不开或者打开后显示乱码，要如何处理？

使用手机办公打开文档时，可能会出现文件无法打开或者文档打开后显示乱码，这时可以根据要打开的文档类型选择合适的应用程序打开文档。

1. Word/Excel/PPT 打不开怎么办

1. 下载并安装 WPS Office，点击【打开】按钮。

② 点击【使用 WPS Office】按钮。

③ 点击【打开】按钮。

 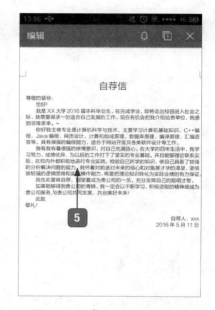

④ 选择要打开的文档。

⑤ 即可正常打开 Word 文档。

2. 压缩文件打不开怎么办

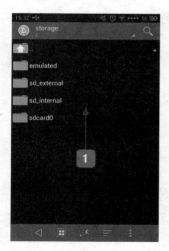  

① 下载，安装并打开 ZArchiver 应用程序。

② 选择要解压的压缩文件。

③ 点击【解压】按钮。

④ 即可完成解压，显示所有内容。

10

CHAPTER

第10章 Word 邮件合并和域的使用

>>> 邮件合并是什么意思？是把几封邮件合并成一封吗？

>>> 如果你需要制作几百个内容相同的邀请函，你会一封一封地做吗？

>>> 你知道怎么让一些非纯数字的内容自动编号吗？

跟随我的脚步，一起来学习吧！

10.1 邮件合并的使用

在日常工作中，我们经常会遇见这种情况：处理的文件主要内容基本都是相同的，只是具体数据有变化而已。在这种情况下，Word 邮件合并功能就能大显身手了，不仅操作简单，而且还可以设置各种格式，打印效果又好，可以满足不同客户的不同需求。

10.1.1 邮件合并的应用场合

通过建立主文档、创建数据源、插入合并域等步骤，把数据源中的数据插入主文档中，从而高效地完成复杂的重复性操作，如批量打印信封、信件、请柬、工资条、个人简历、明信片等。

10.1.2 主文档的设置

下面是邀请函。

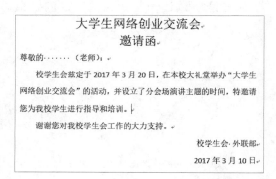

下面是被邀请的名单。

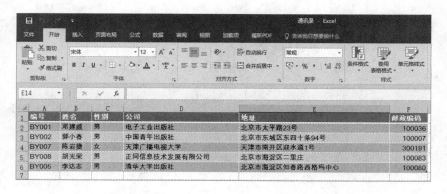

10.1.3 Word 数据源表的规范及导入

数据源就是含有标题行的数据记录表。数据源表可以是 Word、Excel 等联系人表。数据源通常是存在的。如果没有现成的，则需要根据主文档对数据源的要求建立。

下面以邀请函为例，来给大家展示一下。

打开邀请函文档，如下图所示，使光标定位在"尊敬"的后面中间。

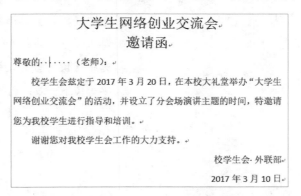

首先单击【邮件】选项卡【开始邮件合并】组中的【开始邮件合并】下拉按钮。

10.1.4 选择邮件合并的类型

Word 邮件合并中，根据不同用途，提供了不同的模板，可根据需要进行选择。其中包括信函、电子邮件、信封、标签、目录等，如下图所示。

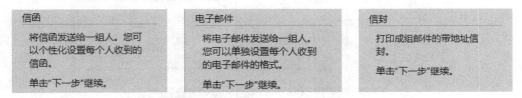

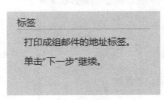
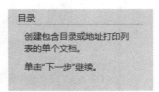

在这里，我们选中【信函】单选按钮。

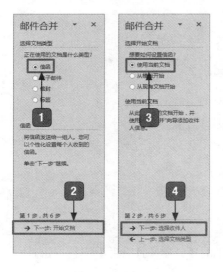

1 选中【信函】单选按钮。

2 单击【下一步：开始文档】按钮。

3 选中【使用当前文档】单选按钮。

4 单击【下一步：选择收件人】按钮。

10.1.5 插入合并域

接下来开始插入合并域，也就是插入名单了。

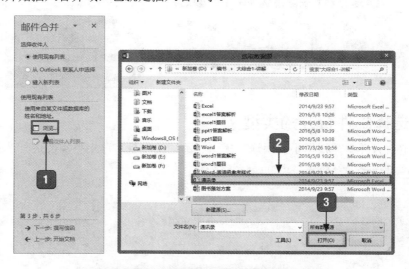

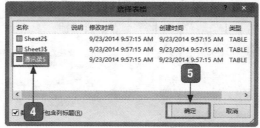

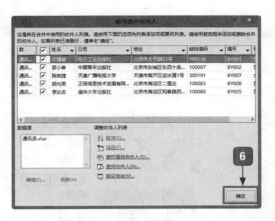

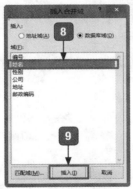

1. 单击【浏览】链接。

2. 选择要插入的文档。

3. 单击【打开】按钮。

4. 选择被打开的工作表。

5. 单击【确定】按钮。

6. 单击【确定】按钮。

7. 单击【其他项目】链接。

8. 选择【姓名】选项。

9. 单击【插入】按钮。

10. 单击【关闭】按钮。

11. 单击按钮 >> 即可查看结果。

12. 单击【下一步：完成合并】按钮。

10.1.6 预览邮件合并

1 单击【编辑单个信函】链接。

2 选中【全部】单选按钮。

3 单击【确定】按钮。

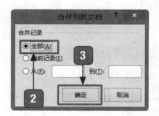

然后就可以看到刚才完成的 5 封邀请函了。

大学生网络创业交流会
邀请函

尊敬的·邓建威·····（老师）：

校学生会兹定于 2017 年 3 月 20 日，在本校大礼堂举办"大学生网络创业交流会"的活动，并设立了分会场演讲主题的时间，特邀请您为我校学生进行指导和培训。

谢谢您对我校学生会工作的大力支持。

校学生会·外联部
2017 年 3 月 10 日

大学生网络创业交流会
邀请函

尊敬的··郭小春·····（老师）：

校学生会兹定于 2017 年 3 月 20 日，在本校大礼堂举办"大学生网络创业交流会"的活动，并设立了分会场演讲主题的时间，特邀请您为我校学生进行指导和培训。

谢谢您对我校学生会工作的大力支持。

校学生会·外联部
2017 年 3 月 10 日

大学生网络创业交流会
邀请函

尊敬的··陈岩捷·····（老师）：

校学生会兹定于 2017 年 3 月 20 日，在本校大礼堂举办"大学生网络创业交流会"的活动，并设立了分会场演讲主题的时间，特邀请您为我校学生进行指导和培训。

谢谢您对我校学生会工作的大力支持。

校学生会·外联部
2017 年 3 月 10 日

大学生网络创业交流会
邀请函

尊敬的··胡光荣·····（老师）：

校学生会兹定于 2017 年 3 月 20 日，在本校大礼堂举办"大学生网络创业交流会"的活动，并设立了分会场演讲主题的时间，特邀请您为我校学生进行指导和培训。

谢谢您对我校学生会工作的大力支持。

校学生会·外联部
2017 年 3 月 10 日

大学生网络创业交流会
邀请函

尊敬的··李达志·····（老师）；

校学生会兹定于 2017 年 3 月 20 日，在本校大礼堂举办"大学生网络创业交流会"的活动，并设立了分会场演讲主题的时间，特邀请您为我校学生进行指导和培训。

谢谢您对我校学生会工作的大力支持。

校学生会·外联部

2017 年 3 月 10 日

10.2　域的使用

小白： 终于学会了邮件合并。

大神： 你学到的只是邮件合并的其中一小部分，是不是觉得 Word 其实很有意思呢？

小白： 是啊，是啊，还有什么技能包，统统甩给我吧。

大神： 看你急的，那我就带你看看域是怎么使用的。

小白： 太好了，又能学新知识了！

10.2.1　了解域

　　域是指在 Word 文档中自动插入文字、图形、页码或其他信息的一组代码。每个域都有一个唯一的名称。

　　使用域可以实现很多功能，如等式和公式、链接和引用、日期和时间等。

(全部)
编号
等式和公式
链接和引用
日期和时间
索引和目录
文档信息
文档自动化
用户信息
邮件合并

{　EQ \b\lc\[(\a(x+2y=5,3x-y=1)) }

$$x+2y=5$$
$$3x-y=1$$

{ CREATEDATE　\@ "yyyy'年'M'月'd'日'"　* MERGEFORMAT }

2017 年 4 月 3 日

[使用文档中的独特引言吸引读者的注意力，或者使用此空间强调要点。要在此页面上的任何位置放置此文本框，只需拖动它即可。]

[使用文档中的独特引言吸引读者的注意力，或者使用此空间强调要点。要在此页面上的任何位置放置此文本框，只需拖动它即可。]

10.2.2 在文档中插入域

打开一个文档，单击【插入】选项卡【文本】组中的【文档部件】下拉按钮。在弹出的下拉列表中选择【域】选项（或者使用【Ctrl+F9】组合键进行创建）。

■ 单击【文档部件】下拉按钮。

② 选择【域】选项。

在弹出的对话框中，选择需要使用的域的类别和域名进行插入。

选择自己所要使用的域后，还要进行一些相关的修改。例如，插入【时间和日期】的域。

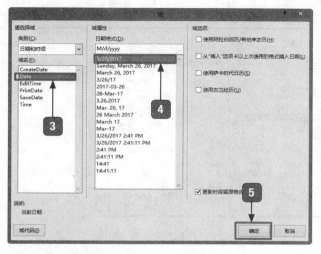

1 单击【类别】下拉按钮。

2 选择【日期和时间】选项。

3 选择【Date】选项。

4 选择【3/26/2017】选项。

5 单击【确定】按钮。

得到如下图所示的结果。

10.2.3 修改域的内容

如果域中的格式不符合要求或者不满意时，可以进行修改。以时间日期为例，操作步骤如下。

1 选中域并右击。

2 在弹出的快捷菜单中选择【编辑域】选项。

3 选择该选项。

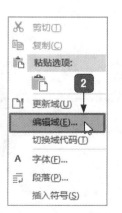

效果如下图所示。

10.2.4 更新域

有时数据没有更新，我们就需要更新域以获得更新的结果。

先将鼠标指针移动到屏幕的右下角，单击日期，会出现如下图所示的结果。

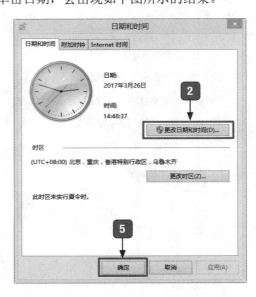

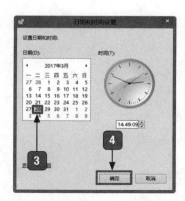

1 单击【更该日期和时间设置】链接。

2 单击【更改日期和时间】按钮。

3 【日期】修改为【28】。

4 单击【确定】按钮。

5 单击【确定】按钮。

得到如下图所示的结果，计算机系统时间被修改为 2017 年 3 月 28 日。

选中日期域。

1 右击。

2 选择【更新域】选项。

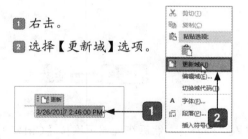

域效果如下图所示。

![痛点解析]

痛点：怎么通过域设置双栏页码

小白：我看同事竟然在一个页面中插入了两个页码！我自己用插入页码的方法试了半天，根本不可能！

大神：其实他是通过域来实现的。

首先打开文档。

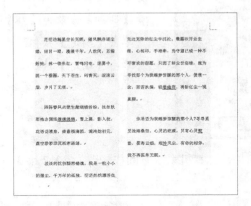

进入页脚编辑状态。在页脚中输入"第页",使光标定位在"第页"的中间,然后按【Ctrl+F9】组合键。

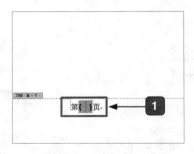

在里层大括号中输入"Page",然后在外层再次按【Ctrl+F9】组合键插入其他域代码。最终输入内容为"{={Page}*2-1}"。

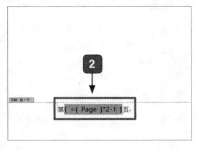

按【F9】键更新域,效果如下图所示。

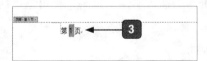

在右侧页码处，使用相同的方法插入域代码。右侧域代码为"{={Page}*2}"。

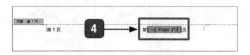

按【F9】键更新域，效果如下图所示。

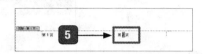

1 插入页脚和域。

2 插入代码。

3 按【F9】键更新域。

4 插入代码。

5 按【F9】键更新域。

效果如下图所示。

大神支招

问：有多个邮箱，怎样才能高效管理所有的邮箱？

有些邮箱客户端支持多个账户同时登录，如网易邮箱大师，登录多个邮箱账户后，不仅可以快速在多个账户之间切换，还可以同时接收和管理不同账户的邮件。

1 在网易邮件大师主页面点击【选项】
按钮。

2 选择【添加邮箱账号】选项。

3 输入邮箱账号及密码。

4 点击【登录】按钮。

5 单击该按钮，将显示添加的所有账号。

6 默认情况下将显示新添加的账号。

11

CHAPTER

第11章 信息共享与文档打印

>>> 你会在 Word 中插入 Excel 或者 PPT 中的内容吗？

>>> 你知道怎么共享你的文档吗？

>>> 你肯定会打印整篇文档，可是你会打印部分文档吗？你会一次打印多个文档吗？

带着上面的问题，我们一起来学习这一章吧。

11.1 在 Word 中调用其他数据

有时候在编辑 Word 文档时难免需要调用其他数据，这样不仅使我们的文档内容更加清晰，表达意思更加完整，还可以让文档上升一个档次，省略了有些看起来枯燥的文字述说。

11.1.1 将 Excel 工作表中的数据直接复制到 Word 中

在编辑 Word 文档时会需要做一个表格，但是在 Word 中做表格没有在 Excel 中方便，所以可以先在 Excel 中做好直接复制过来就行，如何将 Excel 表中的数据复制到 Word 中，下面提供一些简单的方法。

在 Excel 中导出一张表格。

员工基本信息表				
工号	姓名	入职日期	基本工资	五险一金
1	尹XX	2008/2/4	6800	770
2	邱XX	2008/2/4	6800	770
3	黄XX	2013/9/12	5000	526
4	林XX	2015/10/29	4800	506
5	宋XX	2016/11/19	3600	396
6	王XX	2016/11/19	3600	396

新建一个空白文档，单击【插入】选项卡【表格】组中的【表格】下拉按钮。

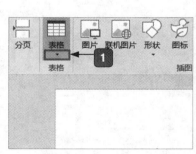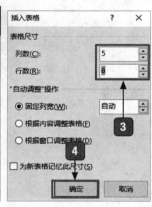

插入的表格如下图所示。

选择第一行，右击，在弹出的快捷菜单中选择【合并单元格】选项。

在 Excel 表格中选择 A1:E1 单元格区域并将其复制，回到 Word 中选择第一行第一列，粘贴即可将表头粘贴过来。

1 单击【表格】下拉按钮。

2 选择【插入表格】选项。

3 列数和行数分别设置为 5 和 8。

4 单击【确定】按钮。

5 选择【合并单元格】选项。

按照上面的方法即可把数据复制过来。

员工基本信息表				
工号				
1				
2				
3				
4				
5				
6				

员工基本信息表				
工号	姓名	入职日期	基本工资	五险一金
1	尹XX	2008/2/4	6800	770
2	邱XX	2008/2/4	6800	770
3	黄XX	2013/9/12	5000	526
4	林XX	2015/10/29	4800	506
5	宋XX	2016/11/19	3600	396
6	王XX	2016/11/19	3600	396

263

11.1.2 在 Word 中调用 Excel 中的数据

在 Word 2016 中不仅可以直接调用 Excel 中的数据，还可以在 Word 中进行 Excel 数据的修改。

打开"素材 \ch11\ 员工基本信息报告 .docx"文档，将光标定位到需要插入表格的位置。

单击【插入】选项卡【文本】组中的【对象】按钮。

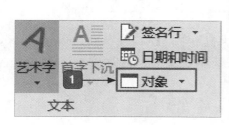

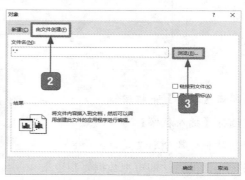

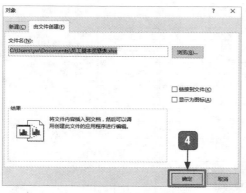

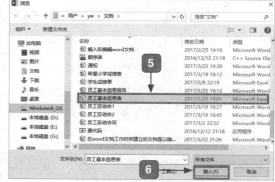

1 单击【对象】按钮。

2 选择【由文件创建】选项卡。

3 单击【浏览】按钮。

4 单击【确定】按钮。

5 选择需要调用的表格。

6 单击【插入】按钮。

插入表格后的效果如下图所示。

员工信息报告

人力资源作为企业的核心资源直接决定企业的核心竞争力，人力资源经理要做好领导的参谋助手，为企业战略服务，从公司角度，不仅从战略上建立具有竞争优势的人力资源管理制度，更要把人力资源各环节的日常具体工作做细、做好、做到家，从而协助公司形成企业独有的文化和氛围，提高公司凝聚力，维护公司的创新和活力。从员工角度是建立激励员工按照企业与员工共赢的发展之路，在企业中设计自己的职业生涯，不断提高职业技能和水平。在实现自我发展目标时快乐生活，我牢记人力资源经理的使命：必须具有大局观，成为企业的战略伙伴：具备专业技能的专家：强烈的服务意识，肩负对企业各部门服务的职责；具备良好的关系平衡和能力，平衡员工和企业利益。通过对此岗位的理解，充分了解公司实际后，高度的责任感促使我在职权范围内争取制造性、创造性的开展部门工作。

员工基本信息表				
工号	姓名	入职日期	基本工资	五险一金
1	尹XX	2008/2/4	6800	770
2	邱XX	2008/2/4	6800	770
3	黄XX	2013/9/12	5000	526
4	林XX	2015/10/29	4800	506
5	宋XX	2016/11/19	3600	396
6	王XX	2016/11/19	3600	396

双击工作表，进入 Excel 编辑状态，可以在文档界面对表格进行修改。

	A	B	C	D	E
1			员工基本信息表		
2	工号	姓名	入职日期	基本工资	五险一金
3	1	尹XX	2008/2/4	6800	770
4	2	邱XX	2008/2/4	6800	770
5	3	黄XX	2013/9/12	5000	526
6	4	林XX	2015/10/29	4800	506
7	5	宋XX	2016/11/19	3600	396
8	6	王XX	2016/11/19	3600	396

Sheet1

11.1.3 在 Word 中调用 PowerPoint 中的数据

在 Word 中调用 PowerPoint 数据的方法和 Excel 的方法一样。

打开"素材 \ch11\ 开业祝福语 .docx"文件，将光标定位到需要插入演示文稿的位置。

开业祝福语

万众一心，齐心协力；百舸争流，独具一帜，富比朱陶，客如流水，川流不息，祝您开业大吉，四方进宝，八路来财！

单击【插入】选项卡【文本】组中的【对象】按钮。

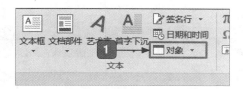

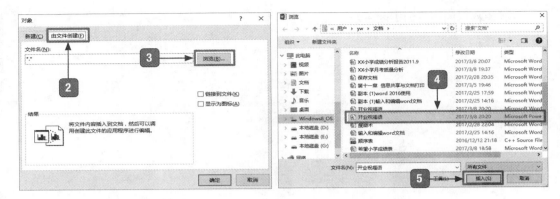

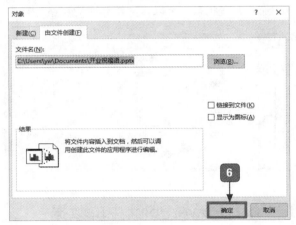

将鼠标指针放在插入的文件上，右击。

幻灯片的播放效果如下图所示。

1 单击【对象】按钮。

2 选择【由文件创建】选项卡。

3 单击【浏览】按钮。

4 选择需要插入的演示文稿。

5 单击【插入】按钮。

6 单击【确定】按钮。

7 选择【"Presentation"对象】选项。

8 在级联菜单中选择【显示】选项。

11.2 共享文档

当你想要方便地编辑或查看 Word 文档时，或者你想通过跨平台设备与他人协作，共同编写论文、准备演示文稿、创建电子表格等。这时你只需要将 Word 文档放在网络或其他设备中，就可以轻松实现以上功能，方便又快捷。

11.2.1 使用 OneDrive 共享文档

Word 2016 与 OneDrive 的链接，保证了文档工作的同步和协同，大大提高了工作效率，随写随存，有网就能在任何一台计算机上打开 Word 文档开始工作。

单击【文件】→【打开】→【OneDrive】按钮。

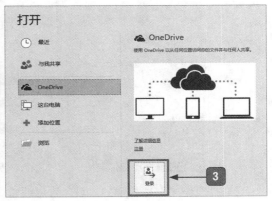

1 选择【打开】选项。

2 单击【OneDrive】按钮。

3 单击【登录】按钮。

11.2.2 使用电子邮件共享文档

Word 2016 还可以通过电子邮件的形式进行共享，发送电子邮件主要有【作为附件发送】【发送链接】【以 PDF 形式发送】【以 XPS 形式发送】及【以 Internet 传真形式发送】5 种形式，接下来以【作为附件发送】为例介绍具体步骤。

选择【文件】→【共享】选项。

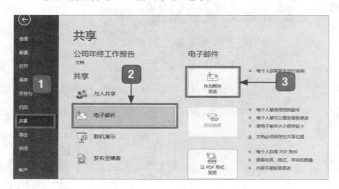

① 选择【共享】选项。
② 单击【电子邮件】按钮。
③ 单击【作为附件发送】按钮。

11.2.3 局域网中共享文档

局域网可以实现文件管理，只要拥有链接的人就可以编辑或查看文档，方便又快捷。

在【共享】面板中的【邀请人员】文本框中输入邀请人员。

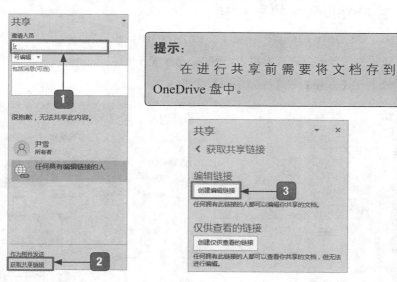

提示：
　　在进行共享前需要将文档存到 OneDrive 盘中。

只有拥有编辑文档权限的人员才可以编辑文档，其他人只能查看文档。

1 输入邀请人员。

2 单击【获取共享链接】链接。

3 单击【创建编辑链接】按钮。

11.3 打印文档的设置

打印编排好的文档通常是文本处理的最后一步，在打印前还需要进行打印设置，这样才能打印出想要的效果。

11.3.1 设置打印文档

设置打印是打印前的一个重要步骤，具体操作步骤如下。

按【Ctrl+P】组合键弹出打印视图，也可以选择【文件】→【打印】选项。

1 选择【打印】选项。

2 选择需要设置的选项。

11.3.2 打印预览

小白： 大神啊，为什么每次我打印出来的文档总是有一些错的呢？搞得我每次都要重打几遍不说，还浪费时间和纸张，真的好气哦！

大神： 哎，那是你还不知道"打印预览"这个功能，Word 的这个功能还是挺人性化的，在打印之前可以通过打印预览查看文档可以避免打印后出现错误，省时又省力。

打开"素材 \ch11\ 公司年终工作报告 .docx"文件，选择【文件】→【打印】选项，即可显示"打印预览"模式。

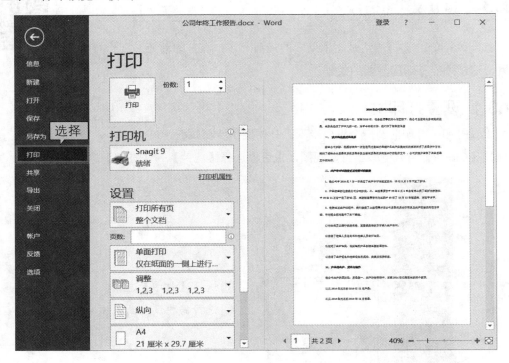

11.4 打印文档的技巧

在 Word 中打印文档时，可以有选择性地打印。如打印指定页码、打印奇偶页、打印多个文档等，接下来介绍如何方便快捷地使用 Word 打印功能。

11.4.1 快速打印文档

学会了快速打印不仅可以省时还能省事。

打开"素材 \ch11\ 公司年终工作报告 .docx"文件，在菜单栏的收缩文本框中输入"打印"。

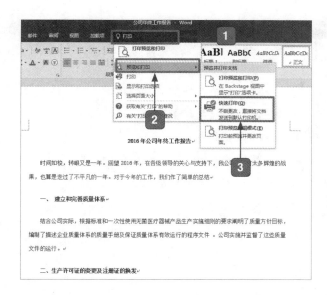

1 输入"打印"。

2 选择【预览和打印】选项。

3 在级联菜单中选择【快捷打印】选项。

11.4.2 打印指定章节文档内容

有时候用户只需要打印指定的部分内容，那么怎样才能只打印自己所需要的内容呢？

具体操作步骤如下。

打开"素材 \ch11\ 公司年终工作报告 .docx"文件。选择要打印的文档内容，选择【文件】→【打印】选项。

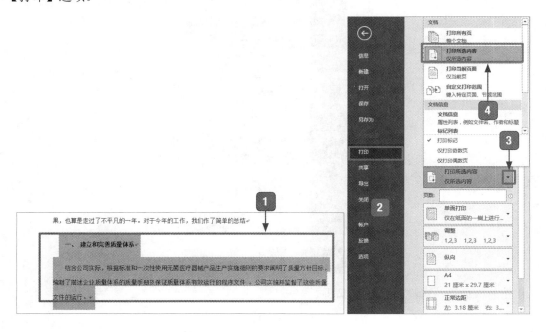

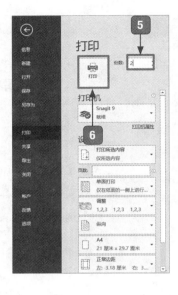

1 选择要打印的文档内容。

2 选择【打印】选项。

3 单击按钮 。

4 选择【打印所选内容】选项。

5 设置需要打印的份数。

6 单击【打印】按钮。

11.4.3 打印指定的页

接下来介绍打印指定页的方法。

打开"素材\ch11\公司年终工作报告.docx"文件，选择【文件】→【打印】选项。

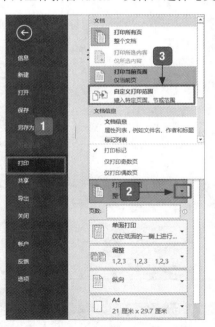

按输入页码要求输入需要打印的页码。

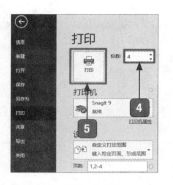

提示：

　　输入页码时用逗号分隔，从文档的开头算，例如，1，4，6-9 或 p1s1,p2s5 或 p1s3-p8s3。

1 选择【打印】选项。

2 单击按钮 ▼。

3 选择【自定义打印范围】选项。

4 设置需要打印的份数。

5 单击【打印】按钮。

11.4.4　一次性打印多个文档

小白： 领导让我把多页 Word 文档压缩到一张纸上打印出来，可是我不会弄，这可怎么办啊。

大神： 那是你还不知道 Word 可以把几页文档压缩到一页上，一次性打印出一张文档的技巧，它不但可以减少纸张的浪费，还能节省你很多时间。

　　打开"素材 \ch11\ 公司年终工作报告 .docx"文件。选择要打印的文档内容，选择【文件】→【打印】选项。

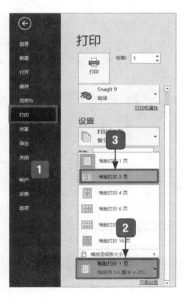

1 选择【打印】选项。

2 单击【每版打印 1 页】下拉按钮。

3 选择【每版打印 2 页】选项。

4 设置需要打印的份数。

5 单击【打印】按钮。

提示：

　　因为文档只有两张，所以打印两张即可。

273

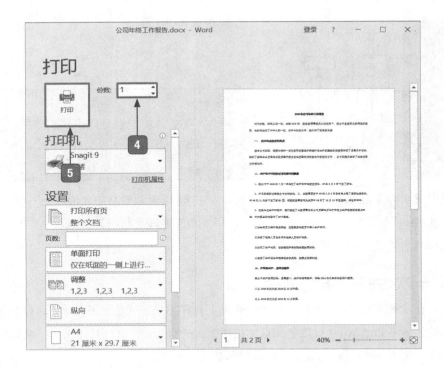

11.4.5 实现奇偶页不同的打印

当想要奇数页和偶数页分开打印时，就需要"奇偶页不同的打印"了，此方法可以把奇数页和偶数页分开。具体操作步骤如下。

打开"素材 \ch11\ 公司年终工作报告 .docx"文件。选择要打印的文档内容，选择【文件】→【打印】选项。

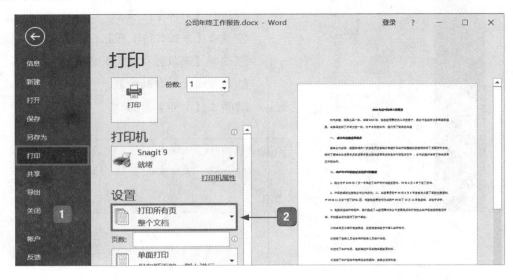

1️⃣ 选择【打印】选项。

2️⃣ 单击【打印所有页】下拉按钮。

3️⃣ 选择【仅打印奇数页】选项。

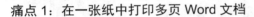

痛点解析

痛点 1：在一张纸中打印多页 Word 文档

在打印几页 Word 文档时，发现打印机中只剩一张纸，但又需要打印几页文档，这时该怎么办呢？今天就教大家一招，让一页纸打印多页内容，能节省打印成本。

打开需要打印的文档，选择【文件】→【打印】选项，选择打印机。

选择【每页版数】→【每版打印 4 页】选项即可。

275

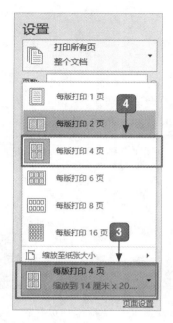

提示：

　　每页打印的越多，文字越小，一般打印 2 页就行。

1 选择【打印】选项。

2 选择打印机。

3 单击【每版打印 4 页】下拉按钮。

4 选择【每版打印 4 页】选项。

痛点 2：为何背景图像打印不出来

　　在工作中有时需要设置一些 Word 背景图片、颜色，但很多用户在打印预览时不会出现背景图，如下图所示，文本是有背景颜色的，但在打印预览时就没有背景颜色，也就是说打印出来也是没有颜色的。那此时应该怎么办呢？接下来就介绍这一问题的解决方法。

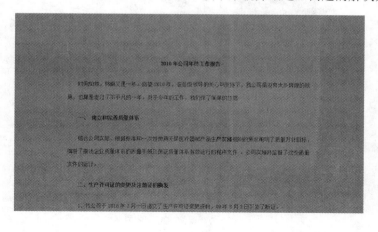

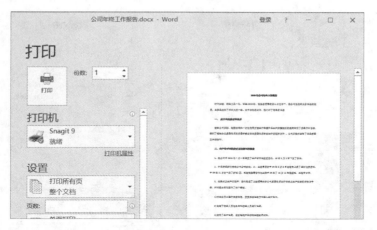

选择【文件】→【选项】选项。

在弹出的对话框中选择【显示】，选中【打印背景色和图像】复选框即可。

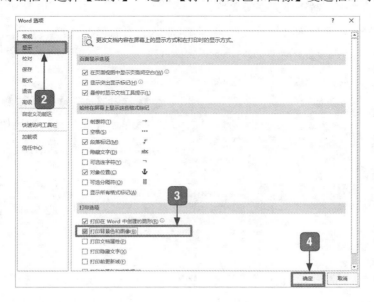

1 选择【选项】选项。

2 选择【显示】选项卡。

3 选中【打印背景色和图像】复选框。

4 单击【确定】按钮。

设置后的效果如下图所示，背景颜色就可以打印出来了。

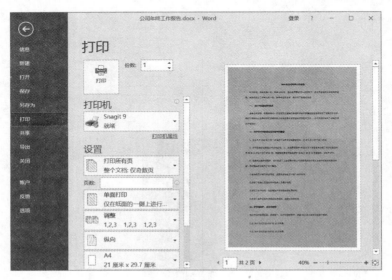

大神支招

问：如何为文档加密，防止他人查看文档？

在编辑文档后，可以为文档设置密码，防止他人查看或修改文档。

1 选择【文件】→【信息】选项。

2 单击【保护文档】按钮。

3 选择【用密码进行加密】选项。

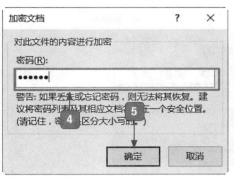 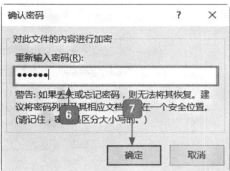

④ 在【密码】文本框中输入要设置的密码。

⑤ 单击【确定】按钮。

⑥ 在【重新输入密码】文本框中输入刚才设置的密码。

⑦ 单击【确定】按钮。

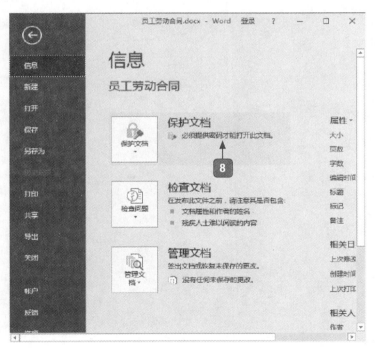

⑧ 可以看到提示"必须提供密码才能打开此文档",表明文档已加密。按【Ctrl+S】组
合键保存文档,然后关闭文档。

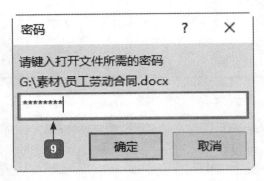

⑨ 双击保存后的文档，将会弹出【密码】对话框，需要输入正确的密码，单击【确定】
按钮，即可打开加密的文档。